北大社 "十三五"职业教育规划教材

高职高专土建专业"互联网+"创新规划教材

浙江省精品课程"建筑装饰构造"建设成果

全新修订

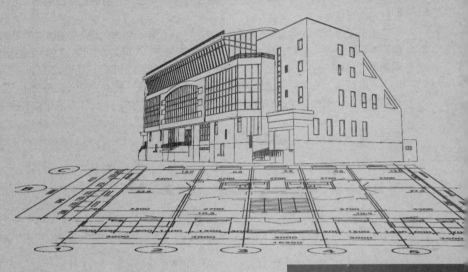

第二版

建筑装饰构造

主　编　赵志文

副主编　魏丽华　饶　武

参　编　院龙　洪瑛

北京大学出版社

PEKING UNIVERSITY PRESS

内 容 简 介

本书以国家最新相关规范和标准为依据，关注建筑装饰装修行业的最新发展，紧密结合建筑装饰装修行业的职业技能要求编写，注重实践技能的培养，突出实用性，接近生产实际、贴近职业岗位，同时力求反映当前最新的装饰构造技术，突出现代高等职业教育高素质技术技能型、应用型人才培养需求，符合职业技术教育特色。

本书采用全新体例编写，主要内容包括：认识建筑装饰构造、室内楼地面装饰构造、庭院地面装饰构造、墙柱面装饰构造、轻质隔墙与隔断、顶棚装饰构造、门窗装饰构造、楼梯及服务台装饰构造、建筑幕墙装饰构造等行业必需的装饰构造内容，每个课题结合工程实例编写，还设置了知识链接、特别提示等模块。

本书可作为高职高专建筑装饰工程技术、建筑设计技术、建筑室内设计、室内艺术设计、环境艺术设计等建筑设计类相关专业的教学用书，也可作为有关技术人员和专业职业资格考试的培训教材和参考书。

图书在版编目(CIP)数据

建筑装饰构造/赵志文主编. —2 版. —北京：北京大学出版社，2016.1

（高职高专土建专业"互联网+"创新规划教材）

ISBN 978-7-301-26572-7

Ⅰ.①建… Ⅱ.①赵… Ⅲ.①建筑装饰—建筑构造—高等职业教育—教材 Ⅳ.①TU767

中国版本图书馆 CIP 数据核字（2015）第 284602 号

书　　　　名	建筑装饰构造（第二版） JIANZHU ZHUANGSHI GOUZAO（DI-ER BAN）
著作责任者	赵志文　主编
策 划 编 辑	杨星璐
责 任 编 辑	商武瑞　杨星璐
标 准 书 号	ISBN 978-7-301-26572-7
出 版 发 行	北京大学出版社
地　　　　址	北京市海淀区成府路 205 号　100871
网　　　　址	http://www.pup.cn　新浪微博：@北京大学出版社
电 子 信 箱	pup_6@163.com
电　　　　话	邮购部 010-62752015　发行部 010-62750672　编辑部 010-62750667
印 刷 者	北京鑫海金澳胶印有限公司
经 销 者	新华书店
	787 毫米×1092 毫米　16 开本　17.5 印张　407 千字
	2009 年 9 月第 1 版　2016 年 1 月第 2 版
	2022 年 1 月修订　2022 年 6 月第 10 次印刷（总第 17 次印刷）
定　　　　价	45.00 元

第 2 版前言

我国目前正处于推进大众创业、万众创新的重要时期。高职高专建筑装饰类专业如何培养有创新能力的人才是需要持续探索的课题。本书的编写响应了加快发展现代职业教育的号召，遵循高职高专建筑装饰类专业培养创新型、高素质技术技能型、应用型人才的服务宗旨，力求反映当前最新的装饰构造技术。本书在第 1 版的基础上进行了全新的修订，使内容更清晰，知识点更系统、更紧凑，案例更丰富。具体体现在以下几点。

(1) 每个课题结合工程实例编写，通过学习目标、知识要点、能力目标、课题小结、思考与练习、技能实训、知识链接和特别提示等模块，将案例与知识点紧密结合，符合职业教育的需要。

(2) 本书在第 1 版的基础上结合浙江省精品课程"建筑装饰构造"的建设经验，对教学内容进行了补充与更新，使知识框架结构更加清晰与合理，同时，可满足不同院校专业知识拓展的需求。精品课程相关教学资源和视频可登录 http://jpkc.hzaspt.edu.cn/hy/Default.aspx 查看。

(3) 本书紧跟信息时代的步伐，以"互联网+"思维在书中增加了拓展阅读。读者可通过"扫一扫"功能，扫描书中的二维码，阅读更丰富、更直观的拓展知识内容，使学习不再枯燥。

(4) 补充了国内外最新的工程案例和典型装饰构造节点，让读者能了解行业发展动态，做到学以致用。

本书由杭州科技职业技术学院赵志文担任主编。具体编写分工如下：赵志文编写课题1、课题2、课题3、课题6、课题9和课题10；临沂大学建筑学院魏丽华、广东建设职业技术学院饶武编写课题4并对课题8进行了改编；新疆应用职业技术学院院龙编写课题5；杭州科技职业技术学院洪瑛编写课题7和课题8，全书由赵志文进行统稿。

本书在编写过程中得到了浙江亚厦装饰股份有限公司总工程师、高级工程师何静姿，浙江九鼎建筑装饰工程有限公司装饰技术总监洪斯君，湖南高速铁路职业技术学院黎舜老师等行业专家和兄弟院校及众多同行的大力支持，他们提出了许多宝贵和具体的修改意见，使得本书更加合理、更具科学性，在此表示诚挚的感谢！

由于编者水平有限，不足、不妥之处在所难免，敬请专家、学者及教学第一线的教师们批评指正。

编 者
2015 年 7 月

第 1 版前言

本书为"21 世纪全国高职高专土建系列技能型规划教材"之一。为适应 21 世纪建筑装饰行业职业技术教育发展的需要，本书以符合高职高专人才培养的要求为编写目标，突出技能性、实用性，接近生产实际，贴近职业岗位，依据最新国家规范和建筑装饰行业最新技术编写而成。

本书以课题模式编写，可采用任务驱动法、项目教学法等教学方法进行教学。不仅可作为高职高专建筑装饰工程技术专业教学用书，也可供相关人员作为参考用书或自学用书。

本书由杭州科技职业技术学院赵志文和丽水职业技术学院张吉祥担任主编，全书由赵志文负责统稿。具体编写分工如下：赵志文编写课题 1、课题 8 和课题 9；张吉祥编写课题 2 和课题 6；哈尔滨铁道职业技术学院王晓英编写课题 7；湖南交通工程职业技术学院蒋荣编写课题 3 和课题 10；河北工业职业技术学院黄渊编写课题 4 和课题 5。

本书在编写过程中得到了深圳市建设工程有限公司总经理叶国标先生、湖南衡阳友之邦装饰设计工程有限公司高级室内设计师王新春先生以及深圳远鹏装饰设计工程有限公司部分工作人员的大力支持，并参考了许多同类专著、教材，引用了一些实际工程中的构造节点和装饰实例，在此谨向原作者表示衷心感谢！

本书对建筑装饰专业建筑装饰构造课程的内容和体系进行了一些改革的尝试和探索，能否达到预期目的，还有待广大师生和读者的检验。此外，由于编者水平有限，书中难免有不妥之处，敬请读者批评和指正。

编　者
2009 年 7 月

目录

CONTENTS

课题 1　认识建筑装饰构造...1

1.1　建筑装饰构造的基本概念及内容 2

1.2　建筑装饰构造的类型、等级与用料.....................3

1.3　建筑装饰构造设计的原则 8

课题小结..13

思考与练习..13

课题 2　室内楼地面装饰构造.............................15

2.1　室内楼地面装饰构造概述...................................16

2.2　特种楼地面构造...30

2.3　楼地面特殊部位的装饰构造...............................36

课题小结..39

思考与练习..39

技能实训..41

课题 3　庭院地面装饰构造.................................43

3.1　庭院地面装饰构造概述.......................................44

3.2　常见庭院地面装饰构造.......................................46

3.3　庭院特殊部位地面装饰构造...............................51

课题小结..58

思考与练习..58

课题 4　墙柱面装饰构造.....................................59

4.1　抹灰类饰面构造...60

4.2　涂饰类饰面构造...65

4.3　饰面砖(板)类饰面构造.......................................68

4.4　罩面板类饰面构造...75

4.5　裱糊与软包类饰面构造.......................................83

4.6　柱面饰面构造...88

课题小结..92

思考与练习..93

技能实训..95

课题 5　轻质隔墙与隔断.....................................98

5.1　轻质隔墙构造...100

5.2　隔断构造 ……………………………………………… 109

课题小结 ……………………………………………… 117

思考与练习 ……………………………………………… 117

技能实训 ……………………………………………… 118

课题6　顶棚装饰构造 ……………………………………… 120

6.1　概述 ……………………………………………… 121

6.2　直接式顶棚装饰构造 …………………………… 123

6.3　悬吊式顶棚装饰构造 …………………………… 125

6.4　木龙骨吊顶装饰构造 …………………………… 127

6.5　金属龙骨吊顶装饰构造 ………………………… 131

6.6　其他吊顶构造 …………………………………… 142

6.7　吊顶特殊部位及细部构造 ……………………… 145

课题小结 ……………………………………………… 149

思考与练习 ……………………………………………… 149

技能实训 ……………………………………………… 151

课题7　门窗装饰构造 ……………………………………… 153

7.1　门的装饰构造 …………………………………… 154

7.2　窗的装饰构造 …………………………………… 168

课题小结 ……………………………………………… 174

思考与练习 ……………………………………………… 174

技能实训 ……………………………………………… 175

课题8　楼梯及服务台装饰构造 ………………………… 177

8.1　楼梯、电梯的装饰构造 ………………………… 179

8.2　服务台、招牌设施装饰构造 …………………… 191

课题小结 ……………………………………………… 197

思考与练习 ……………………………………………… 198

技能实训 ……………………………………………… 198

课题9　建筑幕墙装饰构造 ……………………………… 200

9.1　建筑幕墙 ………………………………………… 201

9.2　玻璃幕墙 ………………………………………… 206

9.3　金属板幕墙 ……………………………………… 230

9.4　石材幕墙 ………………………………………… 238

课题小结 ……………………………………………… 239

思考与练习 ……………………………………………… 240

技能实训 ……………………………………………… 241

课题10　建筑装饰施工图综合实训 ……………………… 244

参考文献 …………………………………………………… 269

课 题 1

认识建筑装饰构造

学习目标

熟悉建筑装饰构造的基本概念及其内容，了解影响建筑装饰效果的因素，掌握建筑装饰构造的类型、等级与材料用料，明确建筑装饰构造设计的原则，能较好地进行建筑装饰构造图的表达。

学习要求

知 识 要 点	能 力 目 标
(1) 建筑装饰构造的基本内容 (2) 建筑装饰构造课程的特点	(1) 熟悉建筑装饰构造的基本内容 (2) 认识建筑装饰构造的特点
(1) 建筑装饰构造的类型 (2) 建筑装饰等级与用料标准	(1) 熟悉建筑装饰构造的类型 (2) 懂得建筑装饰的等级划分 (3) 会正确选择装饰材料
(1) 建筑装饰构造的一般原则 (2) 建筑装饰构造设计的安全原则 (3) 建筑装饰构造的绿色原则 (4) 建筑装饰的美观原则	(1) 熟悉建筑装饰构造的一般原则 (2) 掌握建筑装饰构造设计的安全和美观原则 (3) 了解建筑装饰构造的绿色原则

导入案例

自 20 世纪 90 年代以来，建筑装饰装修已发展成为一门新兴行业。无论是商业的、公共的还是私人住宅，随着全面建设小康社会步伐的日益推进，都将为建筑装饰行业的发展提供可持续发展的原动力和良好的发展前景。某建筑装饰工程设计图，如图 1.1 所示。

图 1.1　建筑装饰工程设计图

那么，建筑装饰构造是用来做什么的呢？它主要包括哪些基本内容？建筑装饰构造设计的原则又有哪些？

1.1　建筑装饰构造的基本概念及内容

1.1.1　建筑装饰的基本概念

建筑装饰是指建筑物主体工程完成后所进行的装潢和修饰处理，是以美学原理为依据，以各种建筑及建筑装饰装修材料为基础，从建筑的多功能角度出发，对建筑或建筑空间环境进行设计、加工的行为与过程的总称。它是以美化建筑和建筑空间为主要目的而设置的空间环境艺术。

建筑装饰构造是一门综合性的科学，它应与建筑、艺术、结构、材料、设计、施工及设备等密切结合，为建筑装饰设计提供经济合理的技术依据，也是实现装饰设计的技术手段，是装饰设计不可缺少的组成部分。

1.1.2　建筑装饰构造的基本内容

建筑装饰构造的内容包括构造原理、构造组成和构造做法。构造原理是根据建筑的使用功能和装饰设计的要求，结合实践经验进行构造设计的方法。构造组成及做法是结合装饰工程实际情况，考虑各种因素，应用构造设计原理，将饰面材料或饰物连接固定在建筑物的主体结构之上，使用不同的材料和方法制作各种建筑装饰造型，以解决相互之间衔接、收口、饰边、填缝等构造问题。在工程内容上装饰主要包括对建筑物顶棚、墙面、地面的面层处理和室内空间的景观和造型进行的设计与施工。

1.1.3 建筑装饰构造课程的特点

1. 综合性强

建筑装饰构造是一门综合性很强的工程技术课程。它以装饰制图、装饰材料、力学、结构及有关国家法规、规范等知识课为基础，同时将这些知识融会贯通，灵活应用，为装饰施工技术课的学习做准备。

2. 实践性强

建筑装饰构造源于工人和技术人员在实践中的大胆尝试和工程实践的科学总结。因此，本课程是一门实践性很强的叙述性课程，没有逻辑推理和演算，看懂教材表面的文字并不难，但要真正掌握并使之与工程实际相结合却有很大的难度。主动而有意识地到施工现场参观学习，分析大量实际工程案例，是增加实践经验、丰富课堂内容的有效途径。

3. 识图、绘图量大

应用构造原理，识读绘制建筑装饰各种构造节点详图，读懂构造做法，弄清为什么这样做，并能举一反三地进行建筑装饰构造设计，是学习本课程的核心问题。

本课程内容涉及许多专业术语、材料名称、常用的构造做法及基本尺寸数据等，学习者有意识地归纳、区分及记忆，是学好本课程的有效方法。

1.2 建筑装饰构造的类型、等级与用料

1.2.1 建筑装饰构造的类型

建筑装饰构造一般分为两大类，即饰面类构造和配件类构造。

1. 饰面类构造

饰面类构造就是通过覆盖物，在建筑构件的表面起保护和美化作用的构造。如在楼板层上做水磨石地面，砖墙面上做木护壁板等。其需要处理的基本问题是饰面和结构构件表面的连接与固定。

1) 饰面类构造的分类

饰面类构造根据材料的加工性能和饰面部位特点不同，分为罩面类、贴面类和钩挂三类。各类构造的特点及要求见表 1-1。

表 1-1 饰面构造的特点及要求

构造类型		图 形 示 意		构 造 特 点
		墙 面	地 面	
罩面类	涂刷			将液态涂料喷涂于建筑构件表面，并形成完整的保护膜。常用的涂料有水性涂料、溶剂型涂料、乳液型涂料及粉末涂料等。其他类似的覆盖层还有电镀、电化、搪瓷等

构造类型		图 形 示 意		构 造 特 点
		墙 面	地 面	
罩面类	抹灰	—找平层 —饰面层		抹灰砂浆由胶凝材料、细骨料和水(或其他溶液)拌和而成。常用的胶凝材料有水泥、白灰、石膏、镁质胶凝材料;骨料有砂、细炉渣、石屑、陶瓷碎粒、蛭石、木屑等
贴面类	铺面	—打底层 —找平层 —粘接层 —饰面层		各种面砖、缸砖、瓷砖等陶土制品,厚度小于12mm的薄石板。一般采用水泥砂浆铺贴粘接于基层面上
	粘贴	—找平层 —粘接层 —饰面层		饰面材料呈薄片或卷曲状,厚度在5mm以下,如粘贴于墙面的壁纸、壁布等
	钉嵌	—防潮层 —不锈钢卡子 —木螺钉 —企口木墙板 —木龙骨 —射钉		自重轻或厚度小,面积不大的饰面板材等。可直接固定于基层或借助于钉头、压条、嵌条等固定,也可借助于胶粘剂粘接
钩挂类	扎结	—φ6竖钢筋 —绑扎铜丝或不锈钢丝 —石材开槽孔 —预埋φ6横钢筋		一般是指厚度为20~30mm,面积较大的饰面石材或人造石材,在板材背面钻孔,用金属丝穿过钻孔将板材系挂在结构层上的预埋金属件上,板与结构层间一般用砂浆固定
	钩结	—不锈钢钩 —石材开槽 —石材板		一般是指厚度为40~150mm的饰面材料,常在结构层包砌。饰面块材上留口,以便结构固定的金属钩在槽内搭住。多见于花岗石、空心砖等饰面

2) 饰面构造的基本要求

饰面构造在技术上主要解决以下三个问题。

(1) 附着与剥落。要求附着牢固、可靠,严防开裂、剥落。饰面的剥落不仅影响美观,而且会危及人身或财物安全。因此,饰面类构造首先要求选择正确的黏结材料,使饰面层附着牢固,严防其开裂或剥落。另外,饰面装修装饰,除了考虑平时正常使用条件下连接牢固、可靠外,地震区还应与建筑主体结构一样具有一定的抗震性。

(2) 厚度与分层。根据材料、构造及工艺上的不同要求,饰面层需要具有一定的厚度

且分成不同的构造层次。这往往与材料的耐久性、坚固性成正比。面层厚度增加，重量也会增加，自然会带来构造方法和施工技术上的复杂化。一般要求饰面层分层施工，或采用其他的构造措施，以保证饰面层装饰牢固并具有良好的外观质量。

(3) 均匀与平整。饰面装修装饰质量鉴定要求，除了附着牢固以外，还应均匀而平整。要达到均匀而平整的装修装饰质量，往往要求反复分层操作。如：高级抹灰要分为底层、数遍中层、面层的工艺；硝基清漆要经过多次涂饰与打磨，才能获得柔和、均匀、光亮的效果。这是饰面装修装饰的外观质量要求。

2. 配件类构造

配件构造也称成型构造，主要解决材料成型及组合问题。根据材料的加工性能，配件的成型方法有以下三类。

1) 塑造与铸造

塑造与铸造是指将在常温常压下呈可塑状态的液态材料(如水泥、石膏等)及可熔金属(如生铁、铜和铝)，经过一定的物理、化学变化过程，用阴模或砂型制成具有一定强度的构件，如水泥花格、石膏线脚、铁艺花饰和金属零件等。

2) 加工与拼装

将某些具有粘、钉、锯、刨、焊及卷等加工性能的预制材料，通过加工与拼装构造成配件。例如木材、木制品具有可锯、刨、削及凿等加工性能，可以通过粘、钉及开榫等方法拼装成构件。一些人造材料(如石膏板、矿棉板、碳化板、石棉板等)具有与木材相似的加工性能和拼装性能。金属薄板(铝板、镀锌钢板等)具有剪、切及割的加工性能，并具有焊、钉、卷及铆的拼装性能。

加工与拼装的构造在装饰工程中应用较广泛，常见的构造方法见表1-2。

表1-2 配件拼装构造方法

类 别	名称	图 形		附 注
黏结	高分子		常用的有环氧树脂、聚氨酯、聚乙烯醇、缩甲醛、聚乙酸乙烯等	水泥、白灰等胶凝材料价格便宜，做成砂浆应用广泛。各种黏土、水泥制品多采用砂浆结合。有防水要求时可用沥青、水玻璃等结合。高分子胶价格相对较高，只在特殊情况下应用
	动物胶		如皮胶、骨胶、血胶	
	植物胶		如橡胶、淀粉、叶胶	
	其他		如沥青、水玻璃、水泥、白灰、石膏等	
钉接	钉	圆钉 销钉 骑马钉 油毡钉 石棉板钉 木螺钉 半圆头 半沉头 方头		钉结合多用于木制品、金属薄板等，以及石棉制品、石膏、白灰或塑料制品

续表

类　别	名称	图　形	附　注
钉接	螺栓	 螺栓　调节螺栓　没头螺帽　铆钉	螺栓常用于建筑结构及装修装饰构造。可用来固定、调节距离、松紧。其形式、规格及品种繁多
	膨胀螺栓	 塑料或尼龙膨胀管　钢制胀管	膨胀螺栓可用来代替预埋件,在构件上先打孔,放入膨胀螺栓,旋紧时膨胀固定
榫接	平对接	 凹凸榫　对搭榫　销榫　鸽尾榫	榫接多用于木制品,但其他装修材料(如塑料、碳化板、石膏板等)也具有木材的可凿、可削、可锯、可钉的性能,也可适当采用
	转角顶接		
其他	焊接	 V形缝　单边　塞焊　单边V形缝角接	用于金属、塑料等可熔材料的结合
	卷接	 卧式　　立式	用于薄钢板、铝皮及铜皮等的结合

3) 搁置与砌筑

搁置与砌筑是将制品通过一些黏结材料,相互叠置垒砌而成的各种图案或砌体等。如建筑装饰上常见的主要有花格、玻璃空心砖隔断、空套、隔板等。

1.2.2　建筑装饰等级与用料标准

建筑装饰装修等级与建筑物的等级密切相关,建筑物等级越高,其装饰装修的等级也越高。在具体运用中,应注意以下两方面的问题。

(1) 应结合不同地区的构造做法与用料习惯以及业主的经济条件灵活运用,不可生搬硬套。

(2) 根据我国现阶段经济水平及生活质量的要求及发展状况,合理选用建筑装饰装修材料。建筑装饰装修等级及用料标准见表 1-3 和表 1-4。

表 1-3 建筑装饰装修等级

建筑装饰装修等级	建筑物类型
一级	高级宾馆，别墅，纪念性建筑，大型博览、观演、交通、体育建筑，一级行政机关办公楼，市级商场
二级	科研建筑，高等教育建筑，普通博览、观演、交通、体育建筑，广播通信建筑，医疗建筑，商业建筑，旅馆建筑，局级以上行政办公楼
三级	中学、小学、托儿所建筑，生活服务性建筑，普通行政办公楼，普通居住建筑

表 1-4 建筑装饰装修用料标准

装饰等级	房间名称	部 位	内部装饰装修标准及材料	外部装饰装修标准及材料	备注
一级	全部房间	墙面	塑料墙纸(布)、织物墙面，大理石装饰板，木墙裙，各种面砖，内墙涂料	大理石、花岗岩(少用)、面砖、无机涂料、金属板、玻璃幕墙	
		楼地面	软木橡胶地板、各种塑料地板、大理石、彩色水磨石、地毯、木地板		
		顶棚	金属装饰板、塑料装饰板、金属墙纸、塑料墙纸、装饰吸声板、玻璃顶棚、灯具	室外雨篷下，悬挑部分的楼板下，可参照室内装饰顶棚	
		门窗	夹板门，实木门，设窗帘盒、门窗套	各种颜色玻璃铝合金窗、特制木门窗、玻璃栏板	
		其他设施	各种金属或竹木花格，自动扶梯，各种有机玻璃栏板，各种花饰、灯具、空调、防火设备、暖气包罩、高档卫生设备	局部屋檐、屋顶，可用各种瓦件、各种金属装饰物(可少用)	
二级	普通房间及门厅、楼梯、走道	墙面	各种内墙涂料、窗帘盒、暖气罩	主要立面可用面砖，局部可用大理石、无机涂料	功能上有特殊要求者除外
		楼地面	彩色水磨石、地毯、各种塑料地板、卷材地毯、碎拼大理石地面		
		顶棚	混合砂浆、石灰膏罩面，钙塑板、胶合板、吸声板等顶棚饰面		
		门窗		普通钢木门窗、主要入口可用铝合金门	
	厕所、盥洗室	墙面	水泥砂浆		
		地面	普通水磨石、陶瓷锦砖、1.4～1.7m 高度白瓷砖墙裙		
		顶棚	混合砂浆、石灰膏罩面		
		门窗	普通钢木门窗		

续表

装饰等级	房间名称	部 位	内部装饰装修标准及材料	外部装饰装修标准及材料	备 注
三级	一般房间	墙面	混合砂浆色浆粉刷、可赛银乳胶漆、局部油漆墙裙，柱子不做特殊装饰	局部可用面砖，大部分用水刷石或干粘石、无机涂料、色浆、清水砖	
		地面	局部水磨石、水泥砂浆地面		
		顶棚	混合砂浆、石灰膏罩面	同室内	
		其他	文体用房、托幼小班可用木地板，窗饰除托幼外不设暖气罩，不做金属饰件，不用白水泥、大理石、铝合金门窗，不贴墙纸	禁用大理石、金属外墙板	
	门厅、楼梯、走廊		除门厅局部吊顶外，其他同一般房间，楼梯用金属栏杆木扶手或抹灰栏板		
	厕所、盥洗室		水泥砂浆地面、水泥砂浆墙裙		

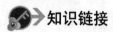 **知识链接**

在建筑装饰构造设计中，还会遇到耐久性问题。影响建筑装饰饰面耐久性的因素很多，主要包括大气稳定性、变色问题及污染问题等。

1.3 建筑装饰构造设计的原则

1.3.1 建筑装饰构造设计的一般原则

建筑装饰构造设计必须综合考虑各种因素，通过分析比较选择适合特定装饰工程的最佳构造方案，一般应遵循以下几项原则。

1. 满足使用功能及精神生活的需求

建筑装饰装修的构造设计是为了美化和保护建筑物，满足不同使用房间的不同界面的功能要求，延伸和扩展室内环境功能，完善室内空间的全面品质。

2. 合理选择材料、施工方便可行

首先应正确认识材料的物理性能和化学性能，如耐磨、防腐、保温、隔热、防潮、防火、隔声以及强度、硬度、耐久性、加工性能等，根据国家、行业标准、规范，选择恰当的建筑装饰装修材料，确定合理的构造方案，且细部构造设计交代清楚，能为正确的施工提供可靠的依据。

3. 满足经济合理要求

严格控制经济指标，根据建筑物等级、整体风格及业主的具体要求进行构造设计。建筑装饰工程费用在整个工程造价中占有很高的比例，一般民用建筑装饰工程费用占工程总造价的 30%～40%及以上，因此，根据建筑的性质和用途确定装饰标准、装饰材料和构造方案，控制工程造价，对于实现经济上的合理性有着非常重要的意义。装饰并不意味着多花钱和多用贵重材料，节约也不是单纯地降低标准，重要的是在相同的经济和装饰材料条件下，通过不同的构造处理手法，创造出令人满意的空间环境。

4. 注意与相关专业、工种(水、暖、电、通风)的密切配合

建筑装饰构造设计必须综合考虑各种因素，并注意相关专业、工种的相互衔接和配合，做到工艺合理、施工方便，选择既满足设计意图，又能提高施工效率的装饰工艺及做法，设计出切实可行并适于采用先进生产工艺的构造。

1.3.2 建筑装饰构造设计的安全原则

1. 建筑装饰构造设计的安全性

建筑装饰构造设计的安全性必须考虑以下两个方面。
(1) 严禁破坏主体结构，要充分考虑建筑结构体系与承载能力。
(2) 选用材料、确定构造要安全可靠，不得造成人员伤亡和财产损失。

2. 建筑装饰防火设计技术要求

(1) 建筑装饰构造设计要根据建筑的防火等级选择相应的材料。建筑装饰装修材料按其燃烧性能划分为四个等级，见表 1-5。

表 1-5　建筑装饰装修材料燃烧性能等级

等　　级	装饰装修材料燃烧性能	等　　级	装饰装修材料燃烧性能
A	不燃	B_2	可燃
B_1	难燃	B_3	易燃

根据《建筑内部装饰设计防火规范》GB 50222—1995(2001 修订版)规定，按燃烧性能等级规定使用装饰材料时，需注意以下几点。

① A、B_1、B_2 级装饰材料需按材料燃烧性能等级的规定要求，由专业检测机构检测确定，B_3 级装饰材料可不进行检测。

② 安装在钢龙骨上燃烧性能达到 B_1 级的纸面石膏板，矿棉吸声板，可作为 A 级装修材料使用。

③ 当胶合板表面涂覆一级饰面型防火涂料时，可作为 B_1 级装修材料使用。当胶合板用于顶棚和墙面装修并且不内含电器、电线等物体时，宜仅在胶合板外表面涂覆防火涂料；当胶合板用于顶棚和墙面装修并且内含有电器、电线等物体时，胶合板的内、外表面以及相应的木龙骨应涂覆防火涂料，或采用阻燃浸渍处理达到 B_1 级。

④ 单位重量小于 300g/m² 的纸质、布质壁纸，当直接粘贴在 A 级基材上时，可作为 B₁ 级装修材料使用。

⑤ 施涂于 A 级基材上的无机装饰涂料，可作为 A 级装修材料使用；施涂于 A 级基材上，湿涂覆比小于 1.5kg/m² 的有机装饰涂料，可作为 B₁ 级装修材料使用。涂料施涂于 B₁、B₂ 级基材上时，应将涂料连同基材一起按燃烧性能等级规定确定其燃烧性能等级。

⑥ 当采用不同装修材料进行分层装修时，各层装修材料的燃烧性能等级均应符合规范 GB 50222—1995(2001 修订版)的规定。复合型装修材料应由专业检测机构进行整体测试并划分其燃烧性能等级。

(2) 常用建筑内部装修材料燃烧性能等级划分，可按表 1-6 的举例确定。

表 1-6　常用建筑内部装修材料燃烧性能等级

材料类别	级别	材 料 举 例
各部位材料	A	花岗石、大理石、水磨石、水泥制品、混凝土制品、石膏板、石灰制品、黏土制品、玻璃、瓷砖、马赛克、钢铁、铝、铜合金等
顶棚材料	B₁	纸面石膏板、纤维石膏板、水泥刨花板、矿棉装饰吸声板、玻璃棉装饰吸声板、珍珠岩装饰吸声板、难燃胶合板、难燃中密度纤维板、岩棉装饰板、难燃木材、铝箔复合材料、难燃酚醛胶合板、铝箔玻璃钢复合材料等
墙面材料	B₁	纸面石膏板、纤维石膏板、水泥刨花板、矿棉板、玻璃棉板、珍珠岩板、难燃胶合板、难燃中密度纤维板、防火塑料装饰板、难燃双面刨花板、多彩涂料、难燃墙纸、难燃墙布、难燃仿花岗岩装饰板、氯氧镁水泥装配式墙板、难燃玻璃钢平板、PVC 塑料护墙板、轻质高强复合墙板、阻燃模压木质复合板材、彩色阻燃人造板、难燃玻璃钢等
	B₂	各类天然木材、木制人造板、竹材、纸制装饰板、装饰微薄木贴面板、印刷木纹人造板、塑料贴面装饰板、聚酯装饰板、复塑装饰板、塑纤板、胶合板、塑料壁纸、无纺贴墙布、墙布、复合壁纸、天然材料壁纸、人造革等
地面材料	B₁	硬 PVC 塑料地板、水泥刨花板、水泥木丝板、氯丁橡胶地板等
	B₂	半硬质 PVC 塑料地板、PVC 卷材地板、木地板氯纶地毯等
装饰织物	B₁	经阻燃处理的各类难燃织物等
	B₂	纯毛装饰布、纯麻装饰布、经阻燃处理的其他织物等
其他装饰材料	B₁	聚氯乙烯塑料、酚醛塑料、聚碳酸酯塑料、聚四氟乙烯塑料、三聚氰胺、脲醛塑料、硅树脂塑料装饰型材、经阻燃处理的各类织物等。另见顶棚材料和墙面材料内中的有关材料
	B₂	经阻燃处理的聚乙烯、聚丙烯、聚氨酯、聚苯乙烯、玻璃钢、化纤织物、木制品等

(3) 民用建筑的装饰材料选用的一般规定。

① 除地下建筑外，无窗房间的内部装修材料的燃烧性能等级，除 A 级外，应在本规定的基础上提高一级。

② 图书室、资料室、档案室和存放文物的房间，其顶棚、墙面应采用 A 级装修材料，地面应采用不低于 B₁ 级的装修材料。

③ 大中型电子计算机房、中央控制室、电话总机房等放置特殊贵重设备的房间，其顶棚和墙面应采用 A 级装修材料，地面及其他装修应采用不低于 B_1 级的装修材料。

④ 消防水泵房、排烟机房、固定灭火系统钢瓶间、配电室、变压器室、通风和空调机房等，其内部所有装修均应采用 A 级装修材料。

⑤ 无自然采光楼梯间、封闭楼梯间、防烟楼梯间及其前室的顶棚、墙面和地面均应采用 A 级装修材料。

⑥ 建筑物内设有上下层相连通的中庭、走马廊、开敞楼梯、自动扶梯时，其连通部位的顶棚、墙面应采用 A 级装修材料，其他部位应采用不低于 B_1 级的装修材料。

⑦ 防烟分区的挡烟垂壁，其装修材料应采用 A 级装修材料。

⑧ 建筑内部的变形缝(包括沉降缝、伸缩缝、抗震缝等)两侧的基层应采用 A 级材料，表面装修应采用不低于 B_1 级的装修材料。

⑨ 建筑内部的配电箱不应直接安装在低于 B_1 级的装修材料上。

⑩ 照明灯具的高温部位，当靠近非 A 级装修材料时，应采取隔热、散热等防火保护措施。灯饰所用材料的燃烧性能等级不应低于 B_1 级。

⑪ 公共建筑内部不宜设置采用 B_3 级装饰材料制成的壁挂、雕塑、模型、标本，当需要设置时，不应靠近火源或热源。

⑫ 地上建筑的水平疏散走道和安全出口的门厅，其顶棚装饰材料应采用 A 级装修材料，其他部位应采用不低于 B_1 级的装修材料。

⑬ 建筑内部消火栓的门不应被装饰物遮掩，消火栓门四周的装修材料颜色应与消火栓门的颜色有明显区别。

⑭ 建筑内部装修不应遮挡消防设施、疏散指示标志及安全出口，并不应妨碍消防设施和疏散走道的正常使用。因特殊要求做改动时，应符合国家有关消防规范和法规的规定。

⑮ A 建筑内部装修不应减少安全出口、疏散出口和疏散走道的设计所需的净宽度和数量。

⑯ 建筑物内的厨房，其顶棚、墙面、地面均应采用 A 级装修材料。

⑰ 经常使用明火器具的餐厅、科研试验室，装修材料的燃烧性能等级，除 A 级外，应在此基础上提高一级。

⑱ 当歌舞厅、卡拉 OK 厅(含具有卡拉 OK 功能的餐厅)、夜总会、录像厅、放映厅、桑拿浴室(除洗浴部分外)、游艺厅(含电子游艺厅)、网吧等歌舞娱乐放映游艺场所(以下简称歌舞娱乐放映游艺场所)设置在一、二级耐火等级建筑的四层及四层以上时，室内装修的顶棚材料应采用 A 级装修材料，其他部位采用不低于 B_1 级的装修材料；当设置在地下一层时，室内装修的顶棚、墙面材料应采用 A 级装修材料，其他部位应采用不低于 B_1 级的装修材料。

1.3.3　建筑装饰构造设计的绿色原则

1. 节约能源

(1) 改进节点构造，提高外墙的保温隔热，改进外门窗的气密性。

(2) 选用高效节能的光源及照明新技术。

(3) 强制淘汰耗水型室内用水器具，推广节水器具。

(4) 充分利用自然光，采用自然通风换气。

2. 节约资源

节约使用不可再生的自然材料资源，提倡使用环保型、可重复使用、可循环使用的材料。

3. 减少室内空气污染

(1) 选用无毒、无害、无污染(环境)、有益于人体健康的材料和产品，采用取得国家环境认证的标志产品。执行室内装饰装修材料有害物质限量的 10 个国家强制性标准。

(2) 严格控制室内环境污染的各个环节，设计、施工时严格执行《民用建筑工程室内环境污染控制规范(2013 版)》(GB 50325—2010)。

(3) 为了降低施工造成的噪声，并减少垃圾，装饰装修构造设计提倡产品化、集成化，配件生产实现工厂化、预制化。

4. 影响环保装修的因素

一般认为，绿色环保装修是指装饰材料无污染，花高价购买优质材料即可解决污染问题，其实不然，高档材料的污染因素因价格攀升固然有所降低，但在装饰装修过程中影响环境的因素还是很多，基本可以分为设计环保、施工环保和材料环保。

1) 设计环保

设计环保是指设计师在设计方案时所构思的环保形态，将普通建筑环保变为生态化、怡人化的自然生存空间，能够让人感受到自然气息，从而达到身心愉悦的目的。

2) 施工环保

施工队在施工过程中严格按照施工工艺、流程标准施工，所采取的方法、步骤井然有序，尤其是在关节细部不因工程量小而忽略。粗略的施工工艺易造成不必要的重复和材料浪费，甚至为日后的工作、学习和生活造成诸多不便。一系列连锁反应会影响到日后的环保生活品质。此外，在装饰工程进行时，降低装修噪声，营造一个良好的生存环境也是一个重要因素。

3) 材料环保

绿色环保建筑装饰材料指在其生产制造和使用过程中既不会损害人体健康，又不会导致环境污染和生态破坏的健康型、环保型、安全型的室内外建筑装饰材料。

一般装饰材料中大部分无机材料是安全和无害的，如金属龙骨及配件、陶瓷墙地砖、玻璃等传统饰材。但市场上有不少如大芯板、刨花板、胶合板及复合地板等材料使用了含有甲醛的胶粘剂；油性涂料中甲苯和二甲苯的含量占 20%～50%。为此，在选择饰面材料时，最好选择通过 ISO 9000 系列质量体系认证或有绿色环保标志的产品。

1.3.4　建筑装饰构造设计的美观原则

建筑装饰构造设计的美观原则主要表现在以下几个方面。

(1) 正确搭配使用材料，充分发挥和利用其质感、肌理、色彩以及材料的特性。

(2) 注意室内的完整性、统一性，选择材料不能杂乱。

(3) 运用造型规律(比例与尺度、对比与协调、统一与变化、均衡与稳定、节奏与规律、排列与组合)，在满足室内使用功能的前提下，做到美观、大方、典雅。

课 题 小 结

　　建筑装饰构造是一门综合性的科学，它与建筑、艺术、结构、材料、设计、施工及设备等密切结合，为建筑装饰设计提供经济合理的技术依据，也是实现装饰设计的技术手段，是装饰设计不可缺少的组成部分。

　　建筑装饰构造的内容包括构造原理、构造组成和构造做法。建筑装饰构造分为饰面类构造和配件类构造两大类。饰面构造在技术上主要解决附着与剥落、厚度与分层及均匀与平整三个问题。配件构造主要解决材料成型及组合问题。同时，建筑装饰构造设计必须综合考虑各种因素，通过分析比较选择适合特定装饰工程的最佳构造方案，体现建筑装饰构造的绿色原则和美观原则。

思考与练习

一、填空题

1. 建筑装饰是指建筑物_____完成后所进行的_____和_____处理。

2. 建筑装饰构造是一门综合性的科学，它应与建筑、艺术、结构、_____、设计、_____及设备等密切相结合，为建筑装饰设计提供经济合理的技术依据，也是实现装饰设计的技术手段，是装饰设计不可缺少的组成部分。

3. 建筑装饰构造的内容包括_____、构造组成和_____。

4. 建筑装饰构造一般分为_____和_____两大类。

5. 建筑装饰饰面类构造根据材料的加工性能和饰面部位特点主要为_____、贴面类和_____三类。

6. 建筑装饰构造的一般原则根据《建筑内部装饰设计防火规范》GB 50222—1995(2001修订版)规定，按燃烧性能等级规定使用装饰材料时，A、B_1、B_2级装饰材料需按材料燃烧性能等级的规定要求，由_____检测确定，_____可不进行检测。

7. 根据《建筑内部装饰设计防火规范》GB 50222—1995(2001 修订版)规定，安装在_____上的_____，可作为 A 级装饰材料使用。

8. 建筑物内的厨房，其顶棚、墙面、地面均应采用_____级装修材料。

9. 安装在钢龙骨上燃烧性能达到 B_1 级的_____，_____，可作为 A 级装修材料使用。

10. 照明灯具的高温部位，当靠近非 A 级装修材料时，应采取_____、_____等防火保护措施。灯饰所用材料的燃烧性能等级不应低于_____级。

二、简答题

1. 建筑装饰构造设计应遵循哪些原则？
2. 建筑装饰饰面构造的基本要求在技术上主要解决哪些问题？
3. 建筑装饰构造的绿色原则主要指什么？

课 题 **2**

室内楼地面装饰构造

学习目标

理解室内楼地面装饰的作用，熟悉室内楼地面装饰的种类及基本构造。掌握整体式楼地面装饰构造、板块式楼地面装饰构造、木及木制品楼地面装饰构造、人造软质制品楼地面装饰构造及特种楼地面装饰构造。熟悉楼地面特殊部位的处理构造。

学习要求

知 识 要 点	能 力 目 标
(1) 室内楼地面装饰的作用及基本构造 (2) 室内楼地面装饰的种类	(1) 理解室内楼地面装饰的作用 (2) 熟悉室内楼地面装饰的种类和基本构造
(1) 水泥砂浆、细石混凝土楼地面构造 (2) 现浇水磨石楼地面、涂布楼地面构造	(1) 熟悉水泥砂浆、细石混凝土楼地面构造 (2) 会现浇水磨石楼地面构造图绘制
(1) 陶瓷地板砖、陶瓷锦砖楼地面构造 (2) 大理石、花岗岩等楼地面构造	(1) 掌握地板砖、陶瓷锦砖楼地面构造 (2) 掌握石材板楼地面构造
(1) 木及木制品地板种类 (2) 木及木制品楼地面的基本构造	(1) 熟悉木及木制品地板的种类 (2) 掌握木及木制品楼地面的基本构造
橡胶地毡楼地面构造、塑料地板楼地面构造、地毯楼地面构造	(1) 掌握橡胶地毡、塑料地板楼地面构造 (2) 掌握地毯楼地面构造
活动楼地面构造、发光楼地面构造、防水楼地面构造、弹性木地板和弹簧木地板楼地面构造	熟悉活动楼地面、发光楼地面、防水楼地面、弹性木地板等楼地面构造
踢脚板装饰构造、不同材质楼地面交接处的构造、楼地面变形缝处的装饰构造	掌握楼地面特殊部位(踢脚板、变形缝、不同材质)的装饰构造处理

导入案例

无论居住建筑还是公共建筑地面装饰设计(如图 2.1 所示)，室内楼地面装饰都将随着新材料、新技术的不断出现，对地面装饰构造做法、各层次材料选择、连接方式及细部处理等加以改进，以达到装饰设计的实用性、经济性和装饰性。建筑室内楼地面装饰中都有哪些形式？室内楼地面装饰构造组成及楼地面装饰构造设计如何？

图 2.1　室内地面装饰效果图

2.1　室内楼地面装饰构造概述

建筑物的楼层地面和底层地面统称为楼地面。建筑楼地面是房屋建筑中的直接承受荷载、经常受到摩擦、需要清洗的部分，是人们日常生活、工作、生产、学习时必须接触的部位。室内楼地面装饰工程则是敷在地面或楼板上的表层工程。

2.1.1　室内楼地面构造基本知识

1. 室内楼地面装饰的作用

室内楼地面是房屋建筑中的重要部位之一，对室内楼地面进行装饰除了有使用上和功能上的作用外，还具有满足人们精神上的追求和享受等方面的功用。

(1) 保护结构层。保护结构层是室内楼地面装饰的最基本功用。室内楼地面的饰面层具有耐磨、防碰撞破坏以及防止水渗透而引起楼板内钢筋锈蚀等作用，并能在一定程度上缓解外力对结构构件的直接作用，从而提高了结构构件的使用寿命。

(2) 满足使用要求。室内楼地面装饰能更好地满足室内空间的使用要求。通常楼地面的饰面层具有坚固、耐磨、平整、防滑、不易起灰和易于清洁等特性。有些楼地面的饰面还需具有一定的隔声功能，能隔绝空气声和撞击声。

对室内音质控制要求严格、标准较高的房间，或使用人数较多的公共建筑，楼地面的饰面层还能满足一定的吸声要求。一般来说，表面致密光滑、刚性较大的地面，对于声波的反射能力较强，吸声能力极小，而各种软质地面，可以起到较大的吸声作用。

室内楼地面装饰还可从人的感受角度加以考虑，以满足人的心理、生理需求。由于人在具有一定弹性的地面上行走，感觉比较舒适。所以，对于一些装饰标准较高的建筑室内楼地面，可以采用具有一定弹性的材料作为地面的装饰面层。

(3) 营造美观、舒适的室内环境。室内楼地面在人的视线范围内所占的比例很大，对室内整体装饰起到十分重要的作用。优秀的室内楼地面装饰能创造出具有表现力和感染力的室内空间和形象，创造具有视觉愉快感和文化内涵的建筑环境，使生活在现代高科技、高节奏中的人们，在心理、精神上得到平衡。在精神上给人们以追求和享受、美观、舒适。

2. 室内楼地面装饰的基本构造组成

室内楼地面的基本构造由承担荷载的结构层和满足使用要求的饰面两个主要部分组成。当基本构造层不能满足要求时，可根据需要增设结合层、找平层或找坡层、隔离层、防水、防潮及填充层(主要作为管道敷设层、保温、隔声之用)等功能上的要求，形成若干个中间层。图 2.2 为室内楼地面的主要构造组成示意图。

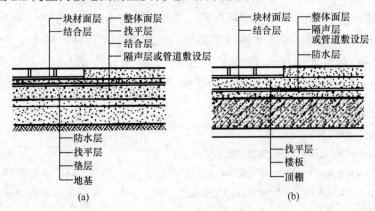

图 2.2　室内楼地面的构造组成

(a) 地面构造层；(b) 楼面构造层

结构层是楼层和地层的承重部分，承受面层传来的各种使用荷载及结构自重，底层地坪的基层通常是夯实的回填土，楼面的结构层是楼板。

中间层的设置应考虑实际需求，各类中间层虽然所起的作用不同，但都必须承受并传递由面层传来的荷载，要有较好的刚性、韧性和较大的蓄热系数，具有防潮、防水的能力。

面层是地面承受各种物理和化学作用的表面层。使用要求不同，面层的构造也不同，但一般都具有一定的强度、耐久性、舒适性和安全性及较好的美化作用。

3. 室内楼地面装饰的种类

室内楼地面装饰可从以下不同的角度进行分类。

(1) 根据室内楼地面饰面材料的不同，可将室内楼地面装饰分为水泥砂浆楼地面、水磨石楼地面、大理石楼地面、地砖楼地面、木地板楼地面及地毯楼地面等。通常地面的称呼即是根据面层材料进行命名。

(2) 根据室内楼地面装饰构造做法的不同，可将室内楼地面装饰分为：整体式楼地面、板块式楼地面、木楼地面和人造软质制品楼地面等。

(3) 根据室内楼地面装饰用途的不同，可将室内楼地面装饰分为：防水楼地面、防腐楼地面、弹性楼地面、防火楼地面、保温楼地面及防湿楼地面等。

2.1.2 整体式楼地面构造

整体式楼地面由基层和面层组成，面层无接缝，整体效果好，造价较低，施工简便。通常是整片施工，也可分区分块施工。常见的有水泥砂浆楼地面、细石混凝土楼地面、现浇水磨石楼地面及涂布楼地面等。

1. 水泥砂浆楼地面

水泥砂浆楼地面是直接在现浇混凝土层水泥砂浆找平层上施工的传统整体地面。其优点是造价较低、施工方便；缺点是不耐磨，易起砂、起灰。

水泥砂浆楼地面以水泥砂浆为面层材料，主要做法有两种：单层做法是在基层上抹一层 15～25mm 厚 1∶2 或 1∶2.5 水泥砂浆面层；双层做法是先抹一层 15～25mm 厚 1∶3 水泥砂浆找平层，再抹 5～10mm 厚的 1∶1.5～1∶1.2 水泥砂浆面层，有防滑要求的水泥砂浆楼地面，可将水泥砂浆面层做成各种纹样，以增大摩擦力。水泥砂浆楼地面构造如图 2.3、图 2.4 所示。

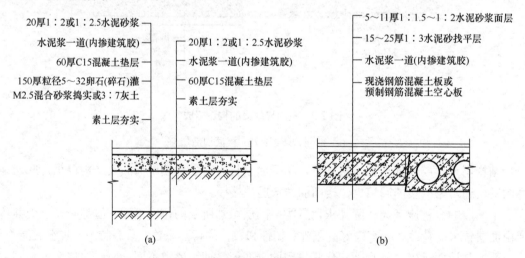

图 2.3　水泥砂浆楼地面构造(单位：mm)

(a) 地面；(b) 楼地面

2. 细石混凝土楼地面

细石混凝土是用水泥、砂和粒径为 0.5～1.0mm 的小石子级配而成，表面撒 1∶1 水泥砂浆随打随抹光。细石混凝土楼地面的强度高、干缩性小，与水泥砂浆地面相比，细石混

凝土楼地面的耐久性和防水性更佳，且不易起砂，但厚度较厚，一般为 35~40mm。细石混凝土地面构造如图 2.5 所示。

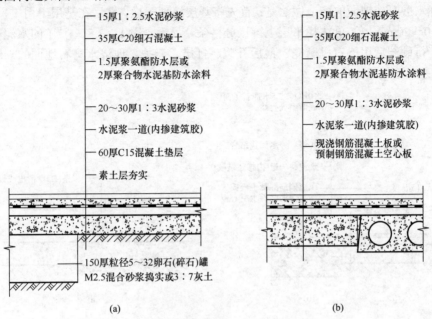

15厚1：2.5水泥砂浆

35厚C20细石混凝土

1.5厚聚氨酯防水层或
2厚聚合物水泥基防水涂料

20~30厚1：3水泥砂浆

水泥浆一道(内掺建筑胶)

60厚C15混凝土垫层

素土层夯实

150厚粒径5~32卵石(碎石)罐
M2.5混合砂浆捣实或3：7灰土

(a)

15厚1：2.5水泥砂浆

35厚C20细石混凝土

1.5厚聚氨酯防水层或
2厚聚合物水泥基防水涂料

20~30厚1：3水泥砂浆

水泥浆一道(内掺建筑胶)

现浇钢筋混凝土板或
预制钢筋混凝土空心板

(b)

图 2.4　水泥砂浆楼地面构造(有防水层)(单位：mm)

(a) 地面；(b) 楼地面

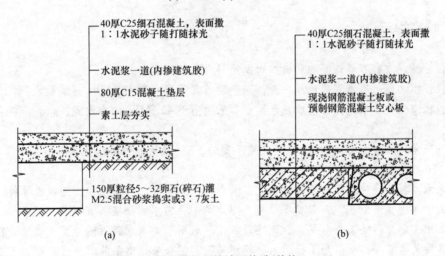

40厚C25细石混凝土，表面撒
1：1水泥砂子随打随抹光

水泥浆一道(内掺建筑胶)

80厚C15混凝土垫层

素土层夯实

150厚粒径5~32卵石(碎石)灌
M2.5混合砂浆捣实或3：7灰土

(a)

40厚C25细石混凝土，表面撒
1：1水泥砂子随打随抹光

水泥浆一道(内掺建筑胶)

现浇钢筋混凝土板或
预制钢筋混凝土空心板

(b)

图 2.5　细石混凝土楼地面构造(单位：mm)

(a) 地面；(b) 楼地面

3. 现浇水磨石楼地面

现浇水磨石楼地面是在水泥砂浆或混凝土垫层上按设计要求进行分格、以水泥为胶结材料，加入一定颜色、一定粒径的石渣，有时也可加入适量的颜料，经过搅拌、成型、养护、凝固硬化后，磨光露出石渣，并经补浆、细磨、打蜡等工序而成的一种楼地面。其具有平整光洁、坚固耐用、整体性好、耐污染、耐腐蚀、易清洗的优点，且色彩丰富，图案组合多样，饰面效果好。常用于教室、实验室、车站大厅及一般公共建筑的门厅、走廊等空间。

现浇水磨石楼地面的构造做法是：首先将基层清理干净，然后在基层上用 1∶3 水泥砂浆找平 10～20mm 厚，再在找平层上镶嵌分格条。最后，用 1∶2.5～1∶1 的水泥石子浆浇入整平，待硬结后用磨石机磨光，最后补浆、打蜡、养护。现浇水磨石地面的一般构造如图 2.6 所示。

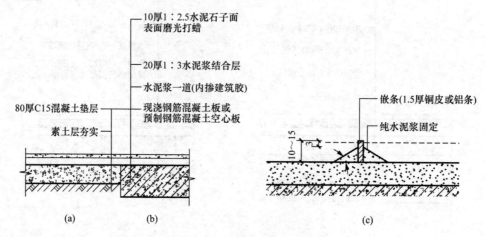

图 2.6　现浇水磨石地面的一般构造(单位：mm)

(a) 地面；(b) 楼地面；(c) 嵌条固定

 特别提示

为保证现浇水磨石楼地面的质量，对所用材料有如下要求。

为保证掺加颜色后水泥的色泽一致，深色面层宜采用大于 42.5MPa 硅酸盐水泥、普通硅酸盐水泥、矿渣硅酸盐水泥；白色或浅色面层宜采用高于 42.5MPa 的白水泥。水泥应符合有关质量要求。

石渣应采用质地密实、磨面光亮而硬度不高的石渣，最大粒径应以比水磨石面层厚度小 1～2mm 为宜。

掺入水泥拌合物中的颜料应具有色光、着色力、耐光性、耐水性和耐酸碱性等特性。颜料用量不大于水泥重量的 12%，分格条平整、厚度均匀。常用的分格条有铜条、铝条和玻璃条三种等。其中，铜分格条装饰效果与耐久性最好，一般用于美术水磨石楼地面。玻璃分格条的装饰效果与耐久性较差，一般用于普通水磨石楼地面。铝合金分格条的耐久性较好，但由于铝合金不耐酸碱，遇混凝土拌合物会发生反应，从而影响楼地面的装饰效果，甚至影响楼地面的质量，因此一般不要求采用铝合金分格条。

2.1.3　块材楼地面构造

块材楼地面是指由各种不同形状的板块材料(如陶瓷地面砖、陶瓷锦砖、磨光通体砖、微晶石板、大理石及花岗石等)铺砌而成的装饰地面，这是地面装饰中最为常见的一类。它属于刚性地面，适宜铺在整体性、刚性好的细石混凝土或混凝土预制板基层之上。块材面层具有花色品种多、耐磨、耐久、不怕水、易清洁、施工简易灵活、装饰效果较好等优点，因而被广泛得到应用。

1. 陶瓷地面砖楼地面

陶瓷地面砖是用瓷土加上添加剂经制模成型后烧结而成的，具有表面平整细致、质地坚硬、耐磨、耐压、耐酸碱，可擦洗、不脱色、不变形，色彩丰富，色调均匀，可拼出各种图案等优点。广泛应用于各类公共场所和家庭楼地面装修中。

陶瓷地面砖品种多样，花色规格种类繁多，一般可分为普通陶瓷地面砖、全瓷地面砖及玻化地砖三大类。厚度为 8～10mm，正方形边长一般为 300～1000mm，砖背面有凹槽，便于砖块与基层粘接牢固。同时，玻化地砖表面光亮如镜，质感逼真，具有华丽高雅的装饰效果，适用于中高档室内地面装饰。

陶瓷地面砖楼地面的基本构造，如图 2.7 所示。

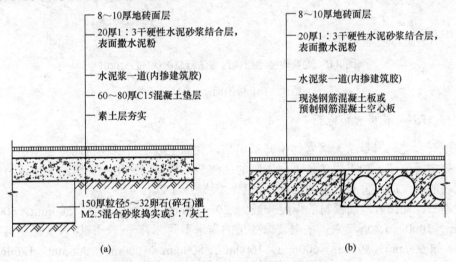

图 2.7 陶瓷地面砖楼地面构造(单位：mm)

(a) 地面；(b) 楼地面

 特别提示

对有水房间其块材面层应采用防滑型块材。同时，应对楼地面做好防水措施，其防水层做法可以先将基层表面清扫、湿润后，刷 1～2mm 掺 20%建筑胶的水泥浆，在做 20mm 厚 1∶3 水泥砂浆或细石混凝土找坡、找平层，然后再做 1.5mm 厚聚氨酯防水层两道，其做法可参考图 2.4 所示。

2. 陶瓷锦砖楼地面

陶瓷锦砖(又称马赛克)是以优质陶土为原料，经高温烧而成的小型块材，表面致密光滑、质地坚硬耐磨、耐酸耐碱、防水性好，一般不易变色。

其构造做法：基层清理以后，在基层上做 10～20mm 厚 1∶4～1∶3 水泥砂浆找平层，然后浇素水泥浆一道，以增加其表面黏结力。陶瓷锦砖整张铺贴后，用滚筒压平，使水泥砂浆挤入缝隙。待水泥砂浆硬化后，用草酸洗去牛皮纸，然后用白水泥浆嵌缝，其构造做法如图 2.8 所示。

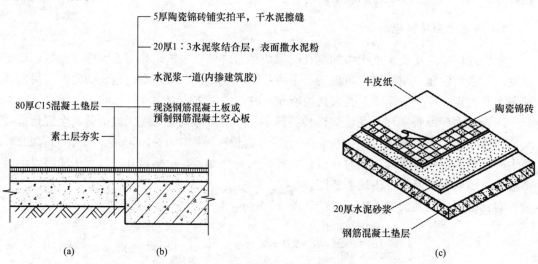

图 2.8　陶瓷砖楼地面构造做法示意图(单位：mm)

(a) 地面；(b) 楼地面；(c) 粘贴示意

3. 大理石、花岗岩楼地面

大理石、花岗岩是从天然岩体中开采出来，并加工成块材或板材，再经粗磨、细磨、抛光、打蜡等工序，加工成各种不同质感的高级装饰材料，常用于宾馆的大厅或装饰标准要求较高的卫生间，公共建筑的门厅、休息厅及营业厅等。

大理石、花岗岩地面板材的厚度一般为 20～30mm；常用规格有：500mm×500mm～1000mm×1000mm。近年来，根据装饰效果的需求不同，大理石、花岗岩板材还可采用矩形规格，如 600mm×800mm、600mm×1000mm、800mm×1000mm、800mm×1200mm 等。

其构造做法：先将基层表面进行清扫、湿润，保证结合层粘接牢固；再在基层上抹 30mm 厚 1：3 干硬性水泥砂浆；整平后在干硬性水泥砂浆上刷一层素水泥浆，以提高粘接强度；然后在其上铺贴石材板块，并用素水泥浆填缝，如图 2.9 所示。

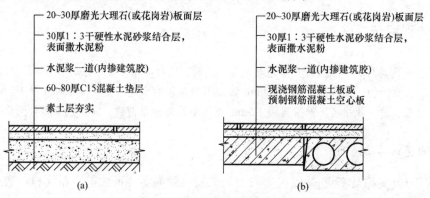

图 2.9　大理石(或花岗岩)楼地面构造图(单位：mm)

(a) 地面；(b) 楼地面

特别提示

出厂的合格大理石、花岗岩等石材板产品，应是采用防护剂对板材做过密封防护处理，使石材具有防水、防污、耐酸碱、抗老化、抗冻融、抗生物侵蚀等功能，从而达到提高石材使用寿命和装饰性能的效果。

知识链接

碎拼大理石楼地面是采用经挑选过的不规则碎块大理石，铺贴在水泥砂浆结合层上，并在碎大理石面层的缝隙中铺抹水泥砂浆或石渣浆，经磨平、磨光，成为整体的地面面层。这种地面别具一格、清新雅致。

其通常做法为，先进行基层处理，洒水湿润基层，在基层上抹 1∶3 水泥砂浆找平层，厚度为 20～30mm，在找平层上刷一遍素水泥浆，用 1∶2 水泥砂浆铺贴碎大理石标筋，间距为 1.5m，然后铺碎大理石块，缝隙可用同色水泥色浆嵌拌做成平缝，也可以嵌入彩色水泥石渣浆，大理石铺砌后，表面应粘贴纸张或覆盖麻袋加以保护，待结合层水泥强度达到 60%～70% 后，再进行细磨和打蜡。

2.1.4 竹、木楼地面构造

竹、木楼地面是指表面层由实木地板、竹、木制品地板铺钉或胶合而成的地面。它的优点是具有舒适感、安装方便，富有弹性、耐磨、不起灰、易清洁、不泛潮、纹理及色泽自然美观，蓄热系数小等，目前被广泛用于住宅建筑、商业建筑及剧院舞台等室内装饰。但也存在耐火性差，潮湿环境下易腐朽、实木地板易产生裂缝和翘曲变形等缺点。

1. 竹、木地板的种类

目前常用的竹、木地板主要分为实木地板、强化木地板、实木复合地板、竹材地板和软木地板五大类。

(1) 实木地板。主要选用水曲柳、柞木、枫木、柚木、樱桃木及核桃木等硬质树种加工而成，其耐磨性好，纹理优美清晰，有光泽，经过处理后开裂和变形可得到一定的控制，使用舒适、华丽高贵，属于地面装饰中的高端产品。主要包括企口地板、平口地板、镶嵌地板和集成材地板等。

(2) 强化木地板。强化木地板一般由 4 层组成：第一层为透明人造金刚砂的超强耐磨层；第二层为木纹装饰纸层；第三层为高密度纤维板的基材层；第四层为防水平衡层。经过高性能合成树脂浸渍后，再经高温、高压压制，四边开榫而成。这类地板精度高，特别耐磨，阻燃性、耐污性好，施工安装快捷、方便，而且在感观上及保温、隔热等方面可与实木地板媲美，故受到了广大用户的青睐。

(3) 实木复合地板。它是一种两面贴上单层面板的复合构造木板。一般可分为三层实木复合地板、多层实木复合地板和细木工复合地板三大类。这种地板有树脂加强，又是热压成型，质轻高强，收缩性小，克服了木材易于开裂翘曲等缺点，且保持了木地面板的其他特性，同时取材广泛，各种软硬木材的下脚料都可利用，成本低。

(4) 竹材地板。一般可分为全竹地板和竹材复合地板两大类。

(5) 软木地板。与普通木地板相比，具有更好的保温性、柔软性与吸声性，防滑效果好等优点，但造价较高，产地较少，产量也不高，日前国内市场上的优质软木地板主要依靠进口。

2. 竹、木楼地面的基本构造

竹、木楼地面的构造常见的有实铺式、粘贴式和架空式三种形式。

1) 实铺式竹、木楼地板构造

实铺式竹、木楼地面是在结构找平上构建固定基层(一般是由木搁栅、横撑及木垫块等部分组成)，再将面层板铺钉在木搁栅上。

(1) 木搁栅。由于直接放在结构层上，其断面尺寸较小，一般为 30mm×40mm 或 50mm×50mm，中距为 400mm。木搁栅是通过预埋或固定在结构层中的 U 形铁件嵌固，也可在结构层上钻空并打上木楔，用圆钉固定木搁栅或用水泥钉等固定。

(2) 横撑。在木搁栅之间通常设横撑，为了提高整体性，中距大于 800～1200mm，断面一般 50mm×50mm，用铁钉固定在木搁栅上。

(3) 木垫块。为了使木地面平整达到设计高度，必要时可在搁栅下设置木垫块来进行调平，中距大于为 400mm，断面一般为 20mm×30mm×40mm 或 50mm×50mm×80mm 与木搁栅钉牢。

(4) 面层。实铺竹、木地板可以单层铺钉也可以双层铺钉。构造如图 2.10、图 2.11 所示。为了保证搁栅层通风干燥，通常在木地板与墙面之间留有 10～20mm 的空隙。踢脚板或木地板上也可设通风洞或通风算子。

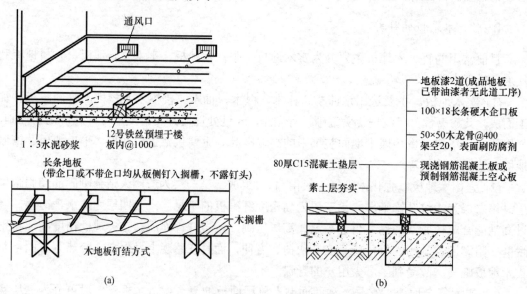

图 2.10 单层实铺式竹、木地板(单位：mm)

(a) 铺钉示意图；(b) 构造图

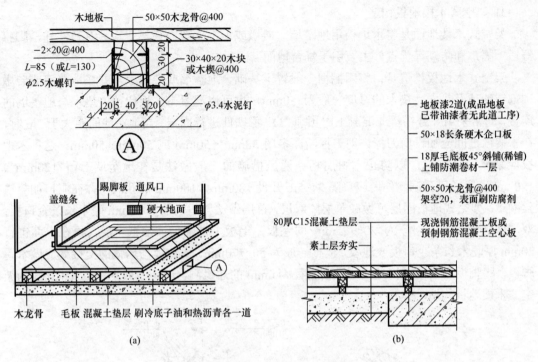

图 2.11 双层实铺式竹、木地板构造(单位：mm)

(a) 铺钉示意图；(b) 构造图

2) 粘贴式竹、木楼地板构造

粘贴式竹、木楼地板是在钢筋混凝土楼板或底层的混凝土垫层上做找平层，目前，粘贴式竹、木楼地面主要应用于复合地板，然后用黏结材料将竹、木地板进行板缝粘贴，粘贴式竹、木地面具有耐磨、防水、防火、耐腐蚀等特点，其构造做法如图 2.12 所示。

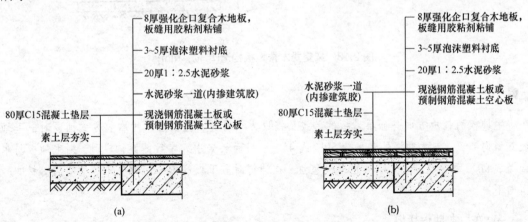

图 2.12 粘贴式竹、木楼地板构造(单位：mm)

(a) 单层式构造；(b) 双层式构造

3) 架空式木楼地板构造

架空式木楼地面是将木地板用地垄墙、砖墩或钢木支架进行架空。具有弹性好、脚感舒适，隔声和防潮等优点，主要用于舞台地面。

架空式木地板构造是：将木搁栅一般置于基础、地垄墙或砖墩上，并在地垄墙或砖墩顶部铺油毡及垫木。垫木的厚度一般为 50mm，也可用混凝土垫板代替，垫木与地垄墙的连接，通常采用 8 号铅丝或混凝土内预埋"Ω"形铁件进行固定。当地垄墙间距大于 2m 时，在木搁栅之间应加设剪刀撑，剪刀撑断面多用 38mm×50mm 或 50mm×50mm。这种木地板应采取通风措施，以防止木材腐朽。通风措施的一般做法是在地垄墙上留 120mm×120mm 设置通风孔洞，外墙应每隔 3~5m 开设 180mm×180mm 的孔洞，并在洞口加封铁丝网罩。架空式地板面层可做成单层或双层，单层做法一般为板宽 70mm 硬木长条企口板；双层做法为先铺一层厚为 20~25mm 的毛板，毛板上铺油毡或油纸一层，再在上面铺钉 20mm 厚硬木长条企口板或地板，板宽一般为 50~70mm。木地板与墙体的交接处应做木踢脚板，踢脚板与墙体交接处还应预留直径为 6mm 的通风洞，间距一般为 1m。图 2.13 为架空式木楼地板构造。

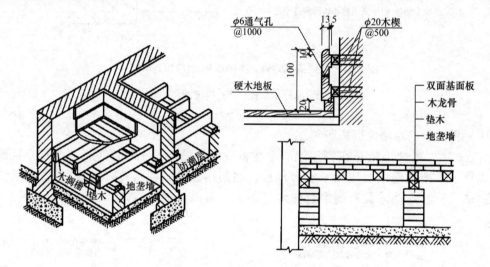

图 2.13 架空式木楼地板构造(单位：mm)

知识链接

毛地板的铺放方向与面层地板的形式及铺设方法有关。当面层采用席纹方式铺设时，毛地板宜斜向铺设，与木搁栅的角度为 30°或 45°。当面层采用人字纹图案铺设时，则毛地板与木搁栅成 90°垂直铺设。为了防止地板翘曲，在铺钉时应于板底刨一凹槽，并尽量使向心材的一面向下。

4) 竹、木地板接缝

竹、木地板中板与板的拼缝有企口缝、销板缝、压板缝、平缝、截口缝和斜企口缝等形式。如图 2.14 所示。

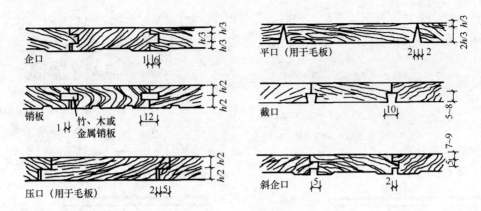

图 2.14　竹、木地板拼缝形式

2.1.5　人造软质制品楼地面构造

人造软质制品楼地面是指以人造软质制品覆盖地面所形成的楼地面。人造软质制品有块材和卷材两种。块材可以拼成各种图案，施工灵活，修补简单；卷材施工繁重，修理不便，适用于跑道、过道等连续的长场地。常见的人造软质制品有橡胶制品、塑料制品及地毯等。这些材料自重轻、柔软、耐磨、耐腐蚀，而且美观。

1. 橡胶板楼地面

橡胶板楼地面是指在天然橡胶或合成橡胶中掺入适量的填充料加工而成的地面覆盖材料。橡胶板楼地面具有较好的弹性以及保温、隔撞击声、耐磨、防滑和不带电等性能，适用于展览馆、疗养院等公共建筑，也适用于车间、实验室的绝缘地面及游泳池边、运动场等防滑地面。

橡胶板表面有平滑和带肋之分，厚度为 4~6mm，其与基层的固定一般用胶结材料粘贴的方法粘贴在水泥砂浆基层之上，其构造做法如图 2.15 所示。

2. 塑料地板楼地面

塑料地板楼地面是指用聚氯乙烯树脂塑料地板作为饰面材料铺贴的楼地面。其具有脚感舒适、不易沾灰、噪声小、防滑、耐腐蚀、易清洗、吸水性小和绝缘性能好等优点。此外，塑料地板易于铺设，价格相对较低。

塑料地板的种类很多，按结构不同可分为单层塑料地板、双层复合塑料地板和多层复合塑料地板。按材料性质不同可分为硬质塑料地板、软质塑料地板和半硬质塑料地板等。按树脂性质不同可分为聚氯乙烯塑料地板、氯乙烯-醋酸乙烯塑料地板和聚丙烯地板等。按产品形状分不同可为块状塑料地板和卷状塑料地板。

塑料地板的铺贴方法有两种：一种是直接铺设法，另一种是胶粘铺贴法。

(1) 直接铺设法，也就是将塑料地板直接铺贴在基层上。这种铺设法适用在人流量小及潮湿房间的地面铺设。

(2) 胶粘铺贴法是用粘贴剂将塑料地板与基层固定的一种铺设方法。主要适用于半硬质塑料地板。胶粘剂可用氯丁胶、白胶、白胶泥(白胶与水泥配合比为 1:3~1:2)、万能胶、聚氨酯、环氧树脂及多功能建筑胶等。图 2.16 为塑料地板楼地面构造。

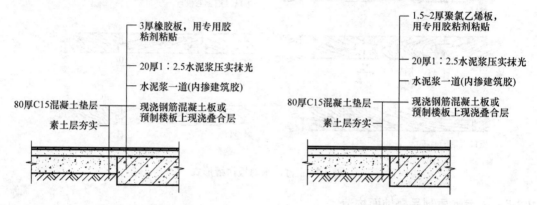

图 2.15　橡胶板楼地面构造(单位：mm)　　　图 2.16　塑料地板楼地面构造(单位：mm)

3. 地毯楼地面

地毯按编织方法不同，可分为切绒、圈绒和提花切绒三种。按加工制作方法不同，可分为编织、针刺簇绒和熔融胶合等。按产品不同，可分为卷材、块材和地砖式。按原材料不同，可分为纯毛地毯和化纤地毯两类。其中，纯毛地毯柔软、温暖、舒适、豪华，富有弹性，但价格昂贵，易被虫蛀或霉变。化纤地毯经改性处理，可得到与纯毛地毯相近的耐老化、防污染等特性，价格较低，来源丰富。

地毯的铺设形式有满铺与局部铺设两种。其铺设方式也有固定式铺设与不固定式铺设之分。不固定式铺设是将地毯直接敷在地面上，不需要将地毯与基层固定。而固定式铺设是将地毯裁边，粘贴拼缝成为整片，铺到四周与房间地面加以固定。常见的固定方法有粘贴式固定法和倒刺板固定法两种。

(1) 粘贴式固定法。即用胶粘剂粘贴固定地毯，一般不放垫层，把胶刷在基层上，然后将地毯固定在基层上，刷胶有满刷和局部两种，不常走动的房间多采用局部刷胶。在公共场所，由于人活动频繁，所用的地毯磨损较大，应采用满刷胶。

采用粘贴式固定的地毯一般应具有较密实的基底层。常见的基底层是在绒毛的底部粘上一层 2mm 左右的胶，有的采用橡胶，有的采用塑胶，有的则使用泡沫胶层。不同的胶底层，对地毯耐磨性影响较大。有些要求较高的专业地毯，胶的厚度可达 4~6mm，而且在胶的下面可再贴一层薄毡片。

(2) 倒刺板固定法。倒刺板可以用 4~6mm 厚、24~25mm 宽的三夹板条或五夹板条制作，板上平行地钉两行斜铁钉，钉子与板面成 60°或 70°角。倒刺板固定板条也可采用铝合金倒刺收口条。这种铝合金倒刺收口条既可用于固定地毯，也可用在两种不同材质的地面相接部位或是在室内地面有高度差的部位而起到收口的作用。图 2.17 为铝合金倒刺收口条及固定地毯构造。

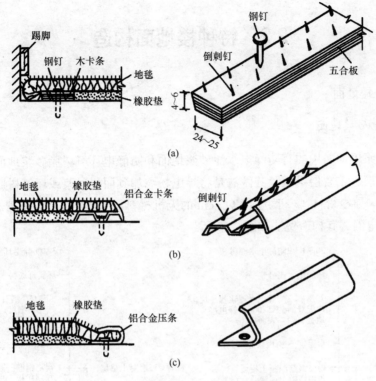

图 2.17 铝合金倒刺收口条及固定地毯构造

(a) 倒刺条；(b) 铝合金卡条；(c) 铝合金压条

　　使用倒刺板固定地毯的做法是：首先将要铺设房间的基层清理干净，然后沿踢脚板的边缘用高强水泥钉将倒刺板固定在基层上，间距为 40cm 左右。倒刺板要离开踢脚板 8～10mm，以便于榔头砸钉子。当地毯完全铺好后，用剪刀裁去墙边多出部分，再用扁铲将地毯边缘塞入踢脚板下预留的空隙中，如图 2.18 所示。

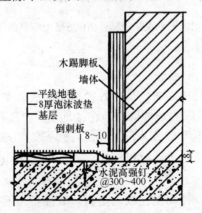

图 2.18 倒刺板固定地毯与踢脚板处构造

　　采用倒刺板固定地毯时，常常需铺设波垫。波垫可专用粘结胶或白乳胶胶粘到基层上，并应离开倒刺板 10mm 左右，以防铺设地毯时影响倒刺板上的钉点对地毯地面的钩结。

2.2　特种楼地面构造

2.2.1　防静电楼地面

1. 防静电砂浆地面

防静电砂浆地面常用的有防静电水泥砂浆地面和防静电环氧树脂砂浆地面等。其构造由面层、找平层、结合层组成，其做法是将导电粉添加到面层砂浆或环氧树脂中涂抹在找平层上，其中，导电粉材料一般为 $10^5\Omega\cdot cm$ 的无机材料，找平层内必须配置 $\phi4@2000mm\times2000mm$ 导电网。其构造做法如图 2.19 所示。

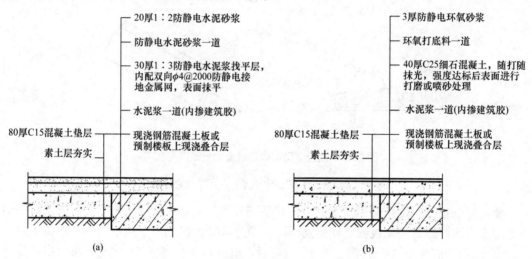

图 2.19　陶瓷砖楼地面构造图(单位：mm)

(a) 防静电水泥砂浆楼地面；(b) 防静电环氧砂浆楼地面

2. 防静电架空地面

防静电架空地面也称活动楼地面，是由各种活动面板、龙骨、龙骨橡胶垫或橡胶条、可调金属支架等组成的一种架空装饰楼地面。它具有安装拆卸灵活、调试、清理、维修简便，板下可敷设各种管线，管线无须预埋、防静电、抗干扰、保证资信设备完整等的优点。被广泛用于计算机机房、通信中心、电化教室等。防静电架空地面组成如图 2.20 所示。

常见的活动装饰面板：以特制刨花板为基材，表面覆以高压三聚氰胺优质装饰板、复合抗静电活动地板等。其典型规格尺寸为 457mm×457mm、600mm×600mm、762mm×762mm。可调金属支架有联网式支架和全钢式支架两种，如图 2.21 所示。

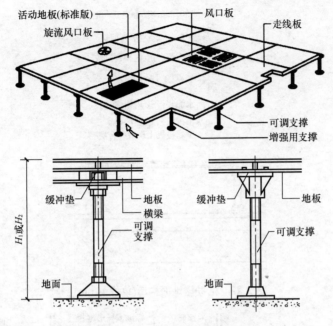

图 2.20　防静电架空地面组成

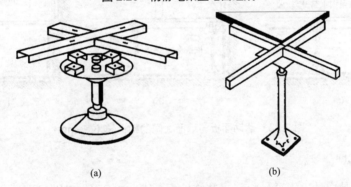

(a)　　　　　　　　　　　(b)

图 2.21　可调金属支架

(a) 联网式支架；(b) 全钢式支架

　　活动楼地面的构造做法是在平整密实的基层上，按面板规格尺寸弹网格线，在网络的交叉点上安放可调金属支架，架设桁条，并调整水平度。最后，摆放活动面板，调整缝隙。注意面板与墙面之间的缝隙要用泡沫塑料条填实。活动楼地板的一般铺装构造如图 2.22 和图 2.23 所示。

 特别提示

　　由于活动地板有较高的架空层，因此要特别注意以下几点。

(1) 活动地板应尽量与走廊内地面保持高度一致，以利于大型设备及人员进出。

(2) 地板上有重物时，地板下部应加设支架。

(3) 金属活动地板应有接地线，以防静电和触电。

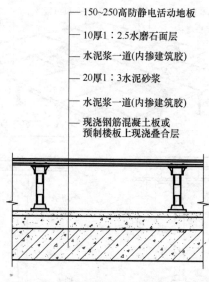

150~250高防静电活动地板
10厚1:2.5水磨石面层
水泥浆一道(内掺建筑胶)
20厚1:3水泥砂浆
水泥浆一道(内掺建筑胶)
现浇钢筋混凝土板或
预制楼板上现浇叠合层

图 2.22　活动楼地面构造(单位：mm)

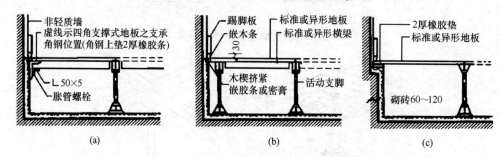

图 2.23　活动面板与墙面之间的构造(单位：mm)

2.2.2　发光楼地面

发光楼地面是一种采用透光材料来装饰地面，使光线可从架空地面的内部向室内空间透射的地面。发光楼地面主要用于舞厅的舞台和舞池、歌剧院的舞台及大型高档建筑的局部重点处理地面。常用的透光材料有双层中空钢化玻璃、双层中空彩绘钢化玻璃及玻璃钢等。

发光楼地面主要由架空支承结构、搁栅、灯具及透光面板等几个部件组成，如图 2.24 所示。

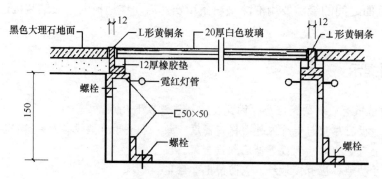

图 2.24　发光楼地面构造(单位：mm)

发光楼地面在构造处理上需注意以下方面：

(1) 发光楼地面中灯具尽量选用冷光源灯具以免散发大量光热，灯具基座固定在楼盖基层上，灯具应避免与木构件直接接触，并采取相应的隔绝措施，以免引发火灾事故。

(2) 透光面板的固定有搁置与粘贴两种方法。

(3) 要特别注意处理好透光材料之间的接缝以及与其他楼地面的交接。透光材料之间的接缝处理可采用密封条墩实，密封胶封缝，以防止发光楼地面在使用过程中透光材料移动，同时，也防止地面灰尘及水渗入。

(4) 透光材料与其他地面材料交接处理可参见"2.3.2 不同材质楼地面交接处的构造处理"。

2.2.3 防水楼地面

房屋建筑中的某些有水房间，其使用功能要求地面必须做防水处理，如盥洗室、厕所、浴室及厨房等，此类楼地面应做好防水措施，其防水层做法可以先将基层表面清扫、湿润后，刷 1～2mm 掺 20%建筑胶的水泥浆，再做 20mm 厚 1∶3 水泥砂浆或细石混凝土找坡、找平层，然后再做 1.5mm 厚聚氨酯防水层两道，再在上面做地面面层，并做好排水坡度及排水口的设计。各类面层材料的做法可参考图 2.4 所示。另外，为防止水沿房间四周浸入墙身，应将防水层沿房间四周墙壁上卷埋入墙面构造层内，上卷高度不少于 100～150mm，构造做法如图 2.25 所示。

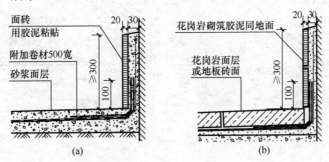

图 2.25 防水楼地面四周构造(单位：mm)

2.2.4 弹性木地面构造

1. 弹性木地板楼地面

在舞台、练功房、比赛场地等房间地面常常需要铺设弹性木地板以满足使用功能的要求。

常见的弹性木地板有衬垫式和弓式两种。衬垫式弹性木地面构造是在木搁栅下垫入弹性材料来增加搁栅弹性。弹性材料可以选用橡皮、软木、泡沫塑料或其他弹性较好的材料。衬垫可以做成块状，也可做成通长条形，如图 2.26 所示。

弓式弹性木地板有木弓式和钢弓式两种。木弓式弹性地板用木弓支托搁栅来增加搁栅弹性。搁栅上铺毛板、油纸，最后铺钉硬木地板。木弓下设通长垫木，垫木用螺栓固定在结构层上。木弓长约 1000～1300mm，高度可根据弹性要求，通过试验确定。钢弓式弹性地板将搁栅用螺栓固定在特制的钢弓上。弓式弹性木地板构造如图 2.27 所示。

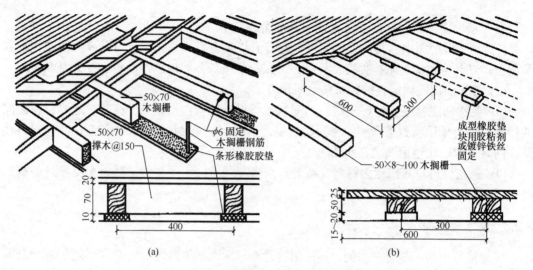

图 2.26 衬垫式弹性木地面构造(单位：mm)

(a) 条形橡胶垫；(b) 块状橡胶垫

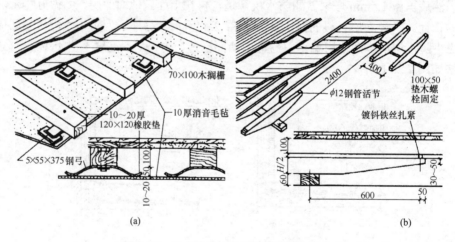

图 2.27 弓式弹性木地面构造(单位：mm)

(a) 钢弓式；(b) 木弓式

2. 弹簧地板地面

弹簧地板地面是由多个弹簧支承的整体式骨架地面。弹簧地板主要由金属弹簧钢架、厚木板、中密度板及饰面材料等几部分组成。

弹簧地板地面主要用于电话间和舞厅的舞池地面。该类地面应用于电话间是为了控制电路的并合，节省用电，如图 2.28 所示。弹簧地板与电气开关相连，人进去后，地板下移电流接通，电灯开启，人离开后，地板复位切断电源。应用于舞池地面，是为了增加地面的弹性，使跳舞者感到舒适。为了使舞池地面在使用条件下整体起

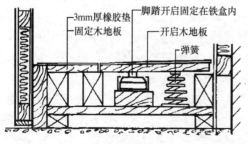

图 2.28 弹簧地板构造

伏振动适度，弹簧的规格数量及分布必须根据舞池地面积的大小和动荷载的大小来确定。

2.2.5 低温热水辐射采暖楼地面

低温热水辐射采暖楼地面是我国室内装饰工程中供暖、供冷技术发展的新趋势，是住房与城乡建设部推广的节能技术，近年来辐射供冷技术在国内得到了快速推广，并颁布了行业标准《辐射供暖供冷技术规程》JGJ 142—2012。

低温热水辐射采暖楼地面的特点是采暖用热水管以盘管形式埋设于楼地面内。管材有交联铝塑复合管、聚丁烯管、交联聚乙烯管及无规共聚聚丙烯管等。该楼地面的主要构造有：

(1) 垫层与结构层：底层为地面的垫层，楼层为楼面的钢筋混凝土结构楼板层；

(2) 保温层：一般为聚苯乙烯泡沫板，其密度不小于 20kg/m³，导热系数不大于 0.05W/m·K，压缩应力不小于 100kPa，吸水率不大于 4%。保温层上敷设一层真空镀铝聚酯薄膜或玻璃布铝箔，也可用微孔聚乙烯复合板，密度 39.8kg/m³，导热系数 0.02W/m·K，表面带铝箔，需注意防潮。

(3) 填充层：一般为细石混凝土，厚度不小于 60mm，其内埋设热水管及两层低碳钢丝网，上层网系防止地面开裂等，下层网系固定热水管用(固定是用绑扎或专用塑料卡具)。

(4) 面层：一般为散热较好的、厚度较小的材料，如地面砖、薄型木地板或水泥砂浆上做涂料面层等。

常见低温热水辐射采暖楼地面构造如图 2.29 所示。

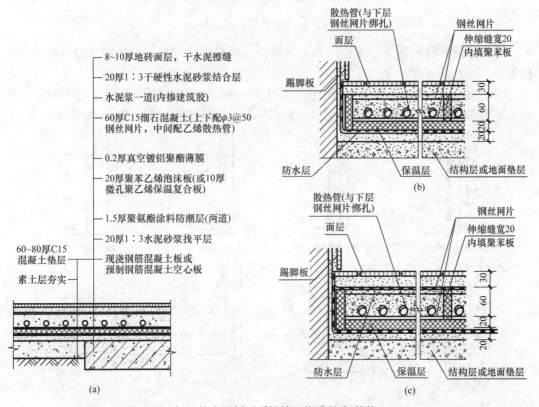

图 2.29 低温热水辐射采暖楼地面构造做法(单位：mm)
(a) 采暖楼地面构造；(b) 采暖楼地面构造大样；(c) 采暖楼地面构造大样(有双道防水层)

2.3 楼地面特殊部位的装饰构造

2.3.1 踢脚板装饰构造

踢脚板是指楼地面与墙面交接处的构造处理。其作用不仅可以遮盖地面与墙面的接触部位，增加室内美观，同时也可保护墙面根部及墙面清洁。踢脚板所用材料种类很多，一般与地面材料相同。踢脚板的高度一般为100～150mm。其构造形式有3种：与墙面相平、凸出和凹进，如图2.30所示。

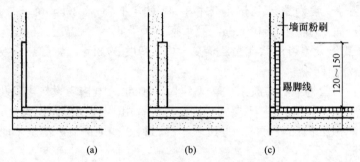

图 2.30 踢脚板构造形式(单位：mm)

(a) 相平；(b) 凸出；(c) 凹进

踢脚板按材料和施工方式分抹灰类踢脚板、铺贴类踢脚板、木质踢脚板及塑料踢脚板等。

铺贴类踢脚板是目前装饰工程中使用较多的一种，常用的有预制水磨石踢脚板、彩色釉面砖踢脚板、通体砖踢脚板、微晶玻璃板踢脚及石材踢脚等，其构造做法如图2.31所示。

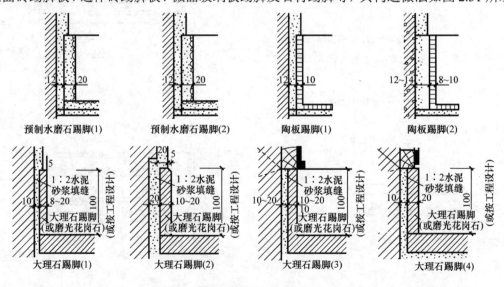

图 2.31 铺贴类踢脚板构造(单位：mm)

木质踢脚板、塑料踢脚板多用墙体预埋防腐木砖来固定，其构造做法如图 2.32 所示。

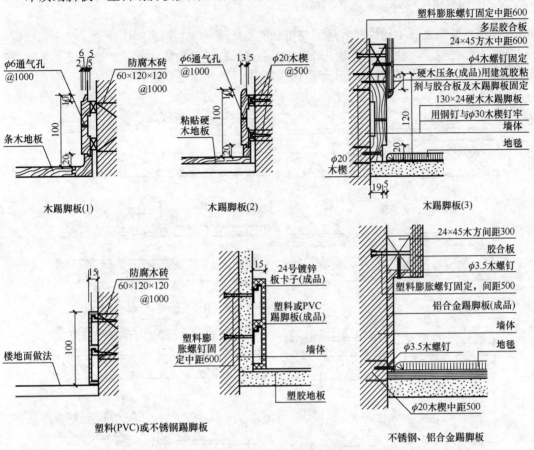

图 2.32　木质、塑料和金属踢脚板构造(单位：mm)

除此以外，踢脚板的形式也并非紧贴墙脚一种做法。如车库内的踢脚为了避免车体与墙面接触，踢脚做成凸出斜面，如图 2.33 所示。

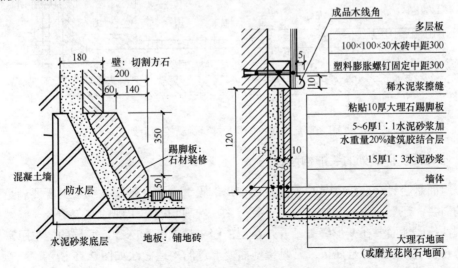

图 2.33　石材踢脚板构造(单位：mm)

2.3.2　不同材质楼地面交接处的构造

在室内装饰装修工程中随着房间使用功能不同或同一功能房间内楼地面的不同部位有时采用不同的材质，在交接处均应采用合理的过渡构造处理，如硬木、铜条及铝条等做过渡交接处理。常见的不同材质楼地面的交接构造处理如图 2.34 所示。

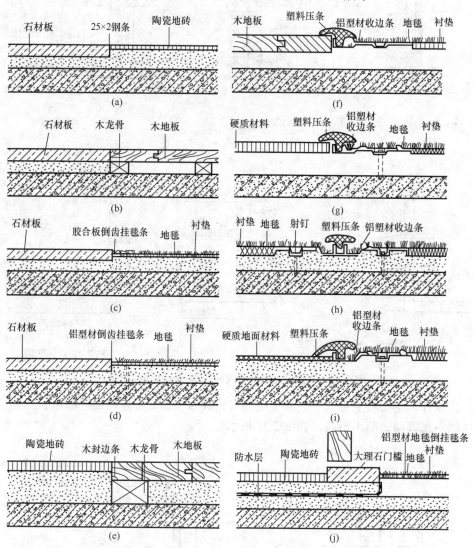

图 2.34　常见不同材质楼地面交接构造处理

2.3.3　楼地面变形缝处的装饰构造

楼地面是否设缝及缝宽是根据建筑物变形缝设置的。变形缝从构造上既要满足建筑物变形的需要，还要在室内装饰装修中进行装饰，实现功能与美观的完美结合。整体面层地面和刚性垫层地面要在变形缝处断开，垫层的缝中填充沥青麻纱，面层的缝中用密封条墩实，密封胶封缝或加盖金属板。常见楼地面变形缝的构造做法如图 2.35 所示。

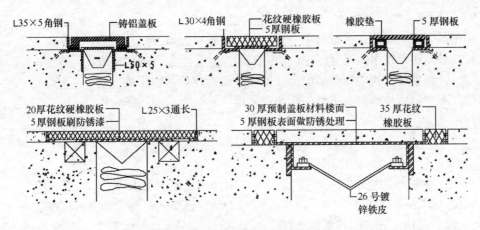

图 2.35　常见楼地面变形缝构造做法(单位：mm)

课 题 小 结

　　本课题介绍了室内楼地面的整体式楼地面装饰构造、块材式楼地面装饰构造、竹、木楼地面装饰构造、人造软质制品楼地面装饰构造、特种楼地面构造以及楼地面特殊部位的装饰构造等内容，通过学习应达到如下要求：

　　1. 能识读各类楼地面装饰构造节点详图；

　　2. 能根据楼地面装饰设计平面图分析楼地面装饰构造做法；

　　3. 能设计绘制楼地面装饰构造节点详图。

思考与练习

一、填空题

1. 建筑物的_____和_____统称为室内楼地面。

2. 建筑楼地面是房屋建筑中直接承受荷载，经常受到_____的部分。

3. 整体式楼地面由_____和_____组成，面层无接缝，整体效果好。

4. 水泥砂浆楼地面是以水泥砂浆为面层材料，其主要做法有_____和_____两种。

5. 大理石、花岗岩楼地面的构造做法：先对基层表面进行清扫、湿润，保证结合层粘接牢固；再在基层上抹 30mm 厚 1∶3_____水泥砂浆。

6. 根据胶凝材料不同，可将涂布楼地面分为两大类：_____和_____。

7. 塑料地板的铺贴方法有两种：一种是_____，另一种_____。

8. 地毯铺设形式有_____与_____两种。其铺设方式也有_____与_____之分。

9. 活动楼地面广泛用于＿＿＿＿＿＿＿＿＿＿＿＿＿＿＿＿＿＿＿＿＿＿＿＿＿等。

10. 发光楼地面灯具尽量选用＿＿＿＿＿＿＿＿灯具以免散发大量光热。

11. 常见的弹性木地板有＿＿＿＿＿＿＿式和＿＿＿＿＿＿式两种构造。

12. 踢脚板是指楼地面与墙面交接处的构造处理。其作用是＿＿＿＿＿＿＿。

13. 不同材质楼地面交接处的构造应采用＿＿＿＿＿＿做边缘构件。

二、选择题

1. 室内楼地面装饰的作用有( )。
   A. 保护结构层　　　　　　　　　　B. 满足使用要求
   C. 建筑结构要求　　　　　　　　　D. 营造美观、舒适的室内环境

2. 室内楼地面装饰的基本构造有( )。
   A. 基层　　　　　B. 结构层　　　　C. 中间层　　　　　D. 面层

3. 根据室内楼地面饰面材料的不同，可将室内楼地面装饰分为( )。
   A. 水泥砂浆楼地面　　　　　　　　B. 大理石楼地面
   C. 地砖楼地面　　　　　　　　　　D. 人造软质制品楼地面

4. 根据室内楼地面装饰构造做法的不同，可将室内楼地面装饰分为( )。
   A. 整体式楼地面　　　　　　　　　B. 大理石楼地面
   C. 木楼地面　　　　　　　　　　　D. 人造软质制品楼地面

5. 根据室内楼地面装饰用途的不同，可将室内楼地面装饰分为( )。
   A. 防水楼地面　　B. 防腐楼地面　　C. 木楼地面　　　　D. 保温楼地面

6. 板块式楼地面常见的有( )。
   A. 陶瓷铺砖楼地面　　　　　　　　B. 缸砖楼地面
   C. 大理石楼地面　　　　　　　　　D. 花岗岩楼地面

7. 木及木制品地板种类很多，常见的木及木制品地板有( )。
   A. 普通纯木地板　B. 复合木地板　C. 强化木地板　　　D. 软木地板

8. 木及木制品楼地面的基本构造形式有( )。
   A. 粘贴式木楼地板　　　　　　　　B. 直接铺设木楼地板
   C. 架空式木楼地板　　　　　　　　D. 实铺式木楼地板

9. 地毯的铺设方式有( )。
   A. 固定式　　　　B. 不固定式　　　C. 粘贴法　　　　　D. 倒刺板法

10. 常见的弹性木地板有( )。
    A. 衬垫式　　　　B. 弓式　　　　　C. 弹簧地板　　　　D. 粘贴式

三、绘图题

1. 绘制现浇水磨石楼地面构造。

2. 绘制陶瓷锦砖、地板砖楼地面构造。

3. 绘制大理石、花岗岩楼地面构造。

4. 绘制实铺式和强化复合木楼地板构造。

5. 绘制防静电楼地面构造。

技 能 实 训

1. 实训项目

如图 2.36 所示别墅建筑一层平面图，根据建筑物各室内空间的功能，完成地面装饰设计和地面构造设计。

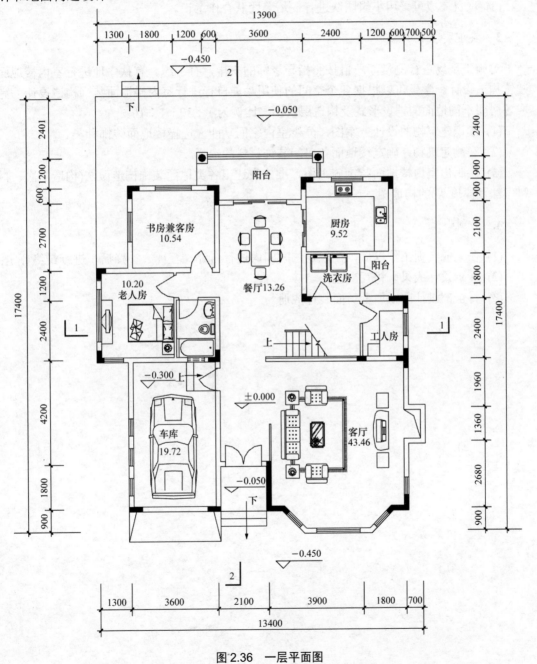

图 2.36 一层平面图

2. 实训目的

(1) 通过室内楼地面装饰构造设计实训，达到系统巩固并扩大所学的地面装饰构造知识。

(2) 培养解决有关室内楼地面装饰工程的施工图设计问题，并能规范准确地表达室内楼地面装饰构造设计，从而提高楼地面装饰构造图绘制、综合分析问题与解决问题的能力。

(3) 项目完成可采用小组团队进行，培养团队合作意识。

3. 实训要求及内容

对施工现场进行测量，严格按照指导老师的安排，有组织、有秩序地进行室内楼地面装饰构造设计。学生可以根据各个空间的使用功能自行进行室内楼地面装饰构造设计，完成各房间不同地面的铺设形式及构造层次图，比例为 1∶30～1∶10。

(1) 读识建筑物的设计方案图，分析室内空间功能，选择楼地面装饰种类。

(2) 观测建筑物，确定楼地面各房间装饰材料的选择。

(3) 绘制出室内楼地面装饰施工图，准确表达出各类地面装饰构造做法(构造层次、材料做法及厚度等)的构造图。

4. 实训小结

(1) 在完成实训工作以后，在规定的时间内进行自评、互评、答疑后，进行最终评定；

(2) 展示设计成果，相互交流；

(3) 将全部设计图纸加上封面装订成册。

課 題 **3**

庭院地面装饰构造

学习目标

　　了解庭院地面装修的功能和要求；熟悉庭院地面层次构造的组成，掌握整体式和块材式两种主要庭院地面的装饰构造做法，能绘制其装饰构造图，能对庭院地面的特殊部位进行构造处理，并具备灵活运用庭院地面装饰构造相关知识的能力。

学习要求

知 识 要 点	能 力 目 标
(1) 庭院地面装饰构造的功能与要求	(1) 明确庭院地面装饰的功能与要求
(2) 庭院地面的装饰类型及构造组成	(2) 熟悉庭院地面的构造组成
(1) 水泥混凝土、沥青混凝土路面，卵石地面、嵌草类室外地面 (2) 广场砖、预制水泥混凝土砖、硬石板、碎拼大理石、花岗石及混合铺砌式地面	(1) 掌握整体式地面的构造 (2) 能够绘制各类块材式地面的构造图
(1) 墙脚与道路的接合构造 (2) 庭院地面与花坛、水池接合的构面构造 (3) 庭院休闲设施的构造	(1) 掌握墙脚与道路的接合构造 (2) 能绘制庭院地面与花坛、水池接合的构面构造 (3) 熟悉庭院休闲设施的构造

导入案例

现如今人们对居住小区、别墅、联排别墅等建筑的庭院环境装饰装修都有了更高的要求。实践证明，庭院环境中的绿色植物和水体，不仅在视觉上为使用者提供了一个愉悦、清新的交往休憩空间,而且对室内空气品质、空气清洁度以及空气湿度的调节也起着很好的作用。如图 3.1 所示为某庭院项目案例。

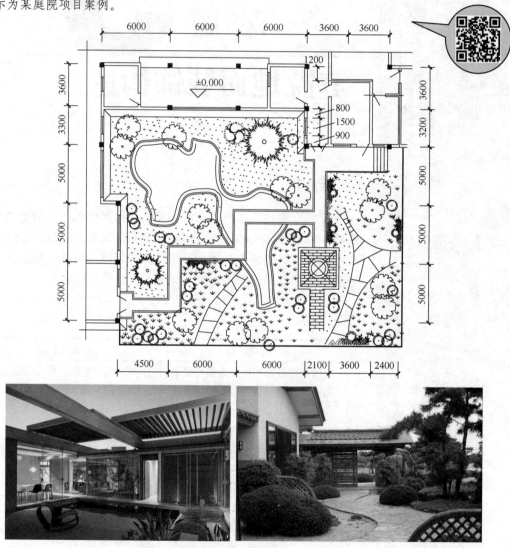

图 3.1 庭院平面图

3.1 庭院地面装饰构造概述

现代城市建设步伐越来越快，人们物质生活水平不断提高，人们的精神生活也随之丰富。庭院环境也越来越受到重视，怎样在这样纷杂的环境中闹中取静，体现出庭院美及自

然美，是众多设计工作者需要着重考虑和探讨的问题。庭院地面(室外地面)装饰作为建筑内部空间向外延伸和过渡的中介，有独特的作用。庭院地面装饰主要是指建筑周围与建筑物关系紧密的门前广场、停车场、庭院及与建筑相连的地面。这些部位将建筑物的内外空间相互连续和渗透，烘托出建筑主体的气氛，起到限定空间、美化环境且引导交通的作用。

3.1.1 庭院地面装饰构造的功能与要求

庭院地面装修从其自身的特点出发，有以下功能和要求。

1. 交通引导

交通引导主要是指室外地面中的道路部分。建筑与城市道路的连接、车流、人流的导入导出等都需要通过建筑室外地面内的通路来完成。因此，这一部分的装修必须考虑使用要求，做到宽敞、平整及防滑等。

2. 空间限定与组织

通过装修材料的图案、质感、色彩等的变化，赋予室外空间不同的使用功能，如行走、停留及休憩等，也在视觉上实现丰富的变幻效果。同时，结合布置一些环境设施。

3. 美化环境，改善卫生条件

选用适当的面层材料，可以与建筑主体的内外装修相得益彰，丰富环境色彩，强化视觉效果，也使外部空间的界面实体易于清洗、不易污染，既可以改善卫生条件，又可以改善建筑外部的热工及声响等物理性能。

由于庭院空间中装修材料直接与风、霜、雨、雪及空气中的污染物相接触，因而在选材时面层材料应具有良好的抗温差变化、抗磨损、抗腐蚀及抗浸湿等性能。

3.1.2 庭院地面装饰构造的组成

一般来说，根据不同使用功能上的要求和结构上的需要，庭院地面装饰构造主要有面层、结合层、基层及垫层等。

1. 面层

室外地面最上面的一层即为面层，它直接承受人流、车辆和大气因素的作用及破坏性影响。因此，面层要求坚固、平稳、耐磨损、不滑、反光小，具有一定的粗糙度和少尘性并便于清扫。

2. 结合层

当采用块料铺筑面层时，在面层与基层之间为了黏结和找平而设置的一层即为结合层。结合层材料一般采用 30～50mm 厚的粗砂、水泥石灰混合砂浆或石灰砂浆。

3. 基层

基层位于结合层之下，垫层或路基之上，是庭院地面结构中的主要承重部分。由于基层不直接承受人、车及气候因素的作用，对材料的要求比面层低，通常采用碎石、灰土或各种工业废渣做基层。

4. 垫层

垫层是在路基排水不良或有冻胀的路段上，为了排水、防冻等要求而采用道渣、石灰土等材料。

3.1.3 庭院地面装饰的类型与接缝线

地面的名称通常以面层所用的材料来命名，根据地面的铺装材料、装饰特点及其地面的使用功能，可以把庭院地面的铺装形式分为整体现浇式、板材砌块铺装、嵌草类和碎料路面铺装。

通常在庭院地面装饰中，为了防止不规则的龟裂及调整装修材料的伸缩，以达到美观的效果，需要考虑设置接缝线。一般饰面铺贴规则的石材时缝宽为 0～6mm，铺贴不规则方形石板的缝宽为 12～15mm，铺地砖的缝宽为 6～9mm。也可以将装修材料的剩余尺寸，以缝宽来调整(当然也可以在周围加铺小型块材)。无论何种情形的接缝装修，接缝线皆为凹缝式，如图 3.2 所示。

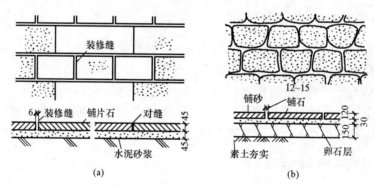

图 3.2　地面铺贴接缝构造(单位：mm)

(a) 规则石板铺贴；(b) 不规则石板铺贴

3.2　常见庭院地面装饰构造

3.2.1 整体式地面的构造

在建筑庭院地面中，建筑周围道路、停车场及通车道等无疑是重要的组成部分之一。整体式地面主要有水泥混凝土路面、沥青混凝土路面、卵石地面和嵌草类室外地面等。

1. 水泥混凝土路面

可用 80～120mm 厚碎石做基层，其上用 30～50mm 粗砂做中间层。面层采用 100～

150mm 厚 C20 混凝土，上撒 1：1 水泥砂随打、随抹光。路面每隔 10m 设伸缩缝一道，如图 3.3 所示。

2. 沥青混凝土路面

沥青混凝土路面由垫层、基层和面层构成。如图 3.4 所示，用 60～100mm 碎石做基层，以 30～50mm 厚沥青混凝土做面层。

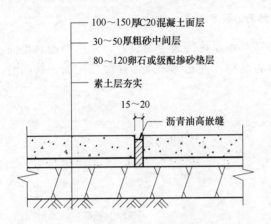

图 3.3 水泥混凝土地面构造(单位：mm)

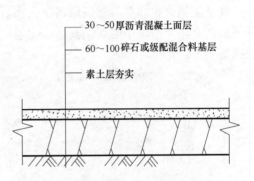

图 3.4 沥青混凝土地面构造(单位：mm)

知识链接

对于车行道路，考虑其所受荷载较大，面层沥青混凝土厚度及基层应适当增加，同时根据需要设置垫层。修筑基层所用的材料主要有各种结合料(如石灰、水泥和沥青等)、稳定土或稳定碎石、天然砂砾、各种碎石或砾石、片石、块石，各种工业废渣(如煤渣、粉煤灰、矿渣、石灰渣等)所组成的混合料以及它们与土、砂、石所组成的混合料等。

常用基层形式可分为：石灰稳定土基层、水泥稳定土基层、石灰工业废渣基层、沥青稳定土基层和粒料类基层。

3. 卵石地面

卵石地面是以各色卵石为主嵌成的地面。其借助于卵石的色彩、大小、形状和排列的变化组成各种图案，装饰性强但清扫困难，且容易脱落，多用于花间小道、水旁亭榭周围。其构造及常见砌式如图 3.5、图 3.6 所示。

4. 嵌草类室外地面

嵌草类铺装主要是有很好的透水、透气性，在地面上形成了美丽的绿色纹理，这种具有生态特点的室外地面越来越受到人们的欢迎。主要用于人流量不大的公园散步道、小游园道路或庭院内道路等，另外一些停车场也可采用此种地面做法。

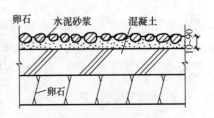

图 3.5 卵石地面构造

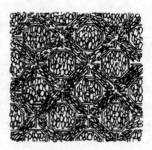

图 3.6　常见卵石地面砌

嵌草类铺装主要有石板嵌草铺装、卵石铺装和水泥花砖嵌草铺装等。嵌草类铺装地面其下只能有一个土壤垫层而无其他结构层，只有这样才能利于草皮的存活与生长。其构造做法如图 3.7 所示。

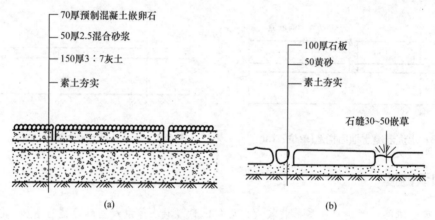

图 3.7　嵌草地面构造图(单位：mm)

(a) 卵石嵌草；(b) 石板嵌草

3.2.2　块材式地面的构造

庭院使用块材形成地面的种类很多，从传统的青砖铺地到近年来各种各样的广场砖、混凝土砖、缸砖、陶瓷地砖及石材等，在行人便道、小型广场、庭院及屋顶花园等广泛采用，色彩多样，规格大小不一，表面质感有的光滑(如玻璃)，有的凹凸不平，有些材料还可做拼花，视不同场合选用，装饰效果较好。

1. 广场砖地面

广场砖属于陶瓷类，产品规格较小，有方形或略呈扇形，可以在广场、路面上组合成直线的矩形图案，也可组合成圆形图案。仿石材广场砖规格大一些，尺寸有 250mm×250mm、300mm×300mm、400mm×400mm、250mm×500mm 等，厚度均为 25mm，其铺装路面的强度也大一些，装饰路面的效果比较好。

2. 预制水泥混凝土砖地面

这类铺装适用于一般的散步游览道、草坪路、岸边小路及街道上的人行道等。

它是预先在加工厂通过模制而成的，形状多变、图案丰富，有各种各样的几何图形、花卉、木纹及仿生图案等，也可用添加无机矿物颜料制成彩色混凝土砖，还可做成半铺装留缝嵌草路面，铺砌路面具有较好的装饰效果。其图案及构造做法如图 3.8 和图 3.9 所示。

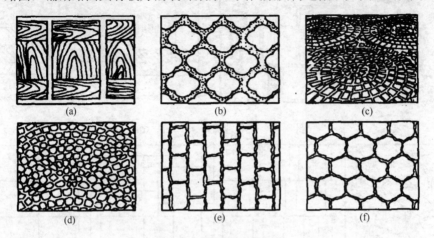

图 3.8　预制水泥混凝土砖

(a) 仿木纹混凝土嵌草路；(b) 海棠纹混凝土嵌草路；(c) 彩色混凝土拼花纹；
(d) 仿块石地纹；(e) 混凝土花砖地纹；(f) 混凝土基砖地纹

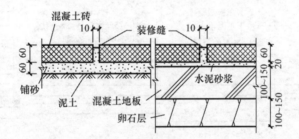

图 3.9　预制水泥混凝土砖地面构造(单位：mm)

3. 硬石板地面

硬石板规格大小不一，形状可破碎或成规则形，但角块不宜小于 200～300mm，一般表面凿琢成点状或条纹。石缝中可种植草皮或水泥勾缝。石板地面相对平整，可用于人流通行量较大的建筑出入口及道路。找平层砂浆宜用干硬性砂浆，板块在铺砌前应先浸水湿润，阴干后备用，如图 3.10 所示。

4. 碎拼大理石地面

碎拼大理石地面面层，亦称冰裂纹面层，是采用加工标准石后所剩的不规则下脚料，经设计人员筛选后，随形、随色不规则地铺设在水泥砂浆结合层上，并用水泥砂浆或水泥石粒浆填补块料间隙而成的一种板块地面。

碎拼大理石地面多用于园林小径、小型广场和大空间地面。其做法如图 3.11 所示。

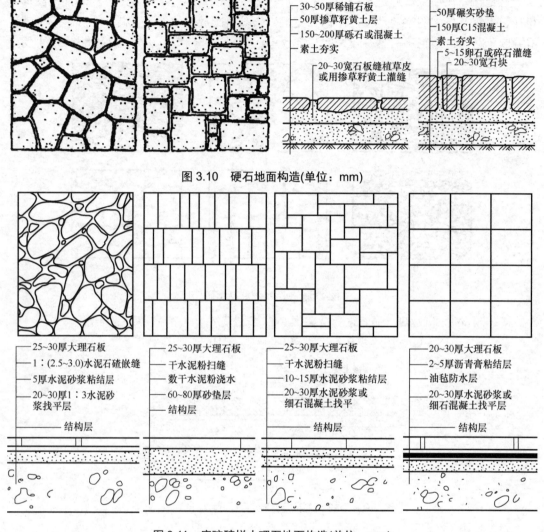

图 3.10 硬石地面构造(单位：mm)

图 3.11 庭院碎拼大理石地面构造(单位：mm)

5. 庭院花岗石地面

花岗石具有良好的抗压性能和硬度，质地坚硬、耐磨、耐久、外观大方，被许多工程使用。

用于庭院地面的花岗石，为了防滑，一般不进行精细磨光，花岗石常加工成条状或块状，在铺设时相邻两行应错缝，错缝为条石长度的 1/3～1/2。铺设花岗石地面的基层有两种：一种是砂垫层；另一种是干硬性水泥砂浆垫层。常用的厚度为 15～20mm，花岗石地面的构造做法如图 3.12 所示。

6. 庭院混合铺砌式地面

在现实生活中，人们为了丰富视觉效果和产生多变的空间感受，会将以上各种类型的地面混合使用，通过不同的色彩、质感、线型变化以达到独特的设计效果，如图 3.13 所示。

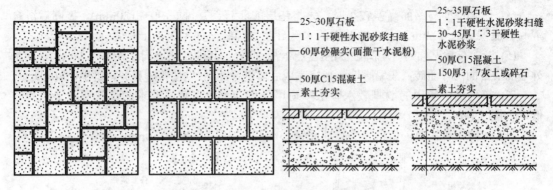

图 3.12　庭院花岗岩地面构造(单位：mm)

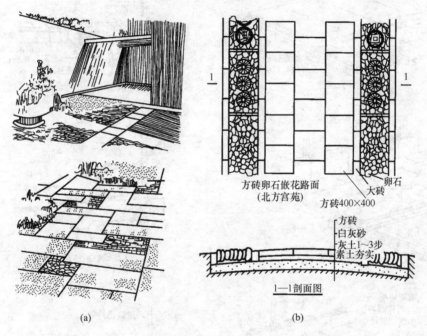

| (a) | (b) |

图 3.13　庭院地面的混合砌式(单位：mm)

(a) 效果图；(b) 构造详图

3.3　庭院特殊部位地面装饰构造

3.3.1　墙脚地面与道路的接合

墙脚地面及路边地面有许多种构造做法，可根据具体需要进行选择，如图 3.14 所示。

(1) 墙脚地面采用石板装修。石板表面可作研磨或錾刻加工，铺砌时应根据石板分配图施工，如图 3.14(a)～图 3.14(d)所示。

(2) 墙脚地面与路面高差较大时使用厚石板装修。如图 3.14(a)所示，但这种做法较浪费石材，造价也较高。

(3) 较为常见的做法是使用相同材料的石料作为边缘石处理收边，如图 3.14(b)所示。

(4) 墙脚地面与路面高差较小时，先将垫层的卵石直立排好(90~120mm)，捣固后浇筑混凝土底层 60~90mm，再在铺贴用的水泥砂浆上铺装，如图 3.14(c)所示。

(5) 一个外墙贴面砖时墙脚地面的施工做法，此处与其他做法不同之处不在于地面，而是外墙的最下面两行面砖需在墙脚地面装修完成后再进行铺贴，以使接缝整齐，如图 3.14(d)所示。

(6) 较为经济实用的墙脚散水做法，适用于设计上没有较高要求的建筑周边，档次较低，如图 3.14(e)所示。

(7) 一种较有特色的做法，墙脚地面铺小卵石，层厚为 100~150mm，如图 3.14(f)所示。

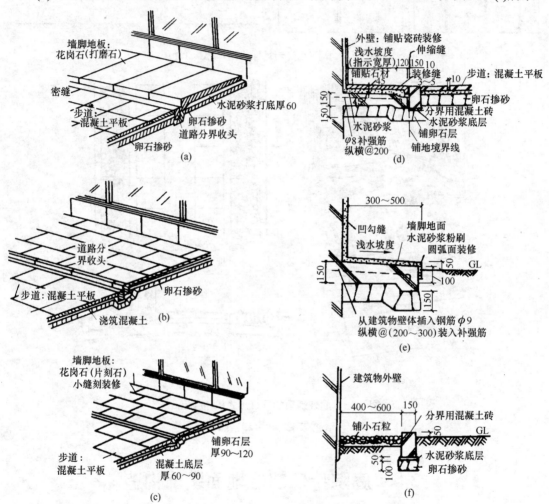

图 3.14 墙脚地面与道路边地面构造(单位：mm)

3.3.2 庭院地面与花坛的接合构造

庭院为了造景、绿化，以实现美化环境的目的，常常设有花坛栽植各种花草，其庭院地面与花坛接合处将如何来处理呢？

1. 平台式花坛构造

因花坛内一般栽植花草或不太大的树木，所以在花坛底部设排水口，为避免花坛内土

壤流失，排水口周围需放入小石粒。花坛的装修一般要与建筑外装修相协调，以示统一，多以铺砌石材(花岗石、人造石板等)或面砖为主，由设计者根据具体情况采用。如图 3.15 所示为一花坛构造形式。

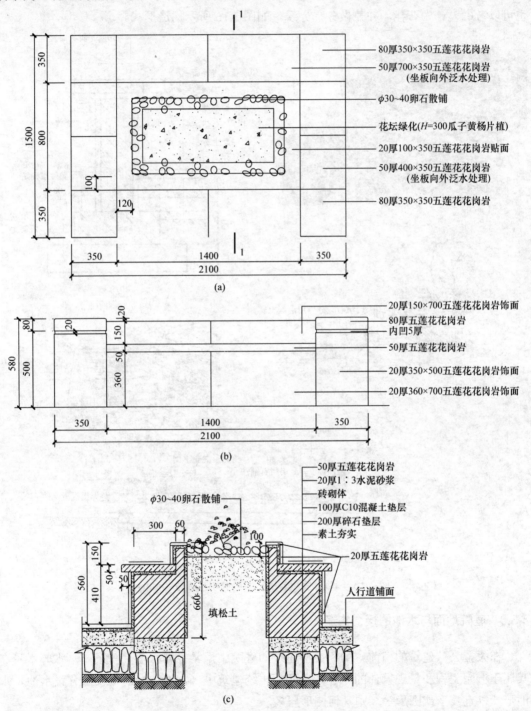

图 3.15 平台式花坛构造(单位：mm)

(a) 花坛平面图；(b) 花坛立面图；(c) 1—1 剖面图

2. 基底有高差的花坛构造

当基底有高差时，可考虑采用砖或混凝土做成挡土墙，以小片石、花岗岩石材等饰面；也可以考虑设计为石凳，并兼做分隔界线。如图 3.16 所示构造形式。

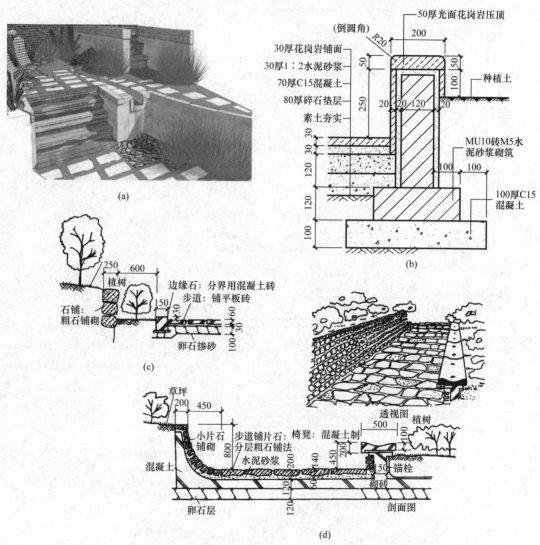

图 3.16　庭院地面与花坛边接合构造(单位：mm)

3.3.3　庭院地面与水池的接合构造

在大型公共建筑的门前广场和小型建筑的庭院中，常设置水池、喷泉及落水等水景。其属于造园工程和景观设计的内容。在西方传统建筑中，常在露台的延长部分设水池，水池形状以直线形或圆形等规则几何图形居多。

庭院地面与水池接合处的几种处理方法，如图 3.17 所示。

1. 跌落式踏步点缀水池与地面的构造处理

这种做法使人产生欲与水池接近的心理感受，水面面积还可随水位高低不同而变化。水池底部应设排水口以便换水，且应当具有足够的排水坡度。底层的混凝土应根据水池大小配置钢筋，以防开裂，有的还可做成防水层，如图 3.17(a)所示。

2. 多边形的水池与地面的构造处理

边缘铺以大理石，池底为水磨石装修，有意设计成浅池，而使池底石子肌理清晰地显露出来，如图 3.17(b)所示。

3. 日式水池与地面的构造处理

日式庭院一般善于表达自然情调，用材朴素，风格淡雅、恬静。在混凝土制成的水槽侧壁砌造自然石，周围则栽植树木、花草作为修饰，如图 3.17(c)所示。

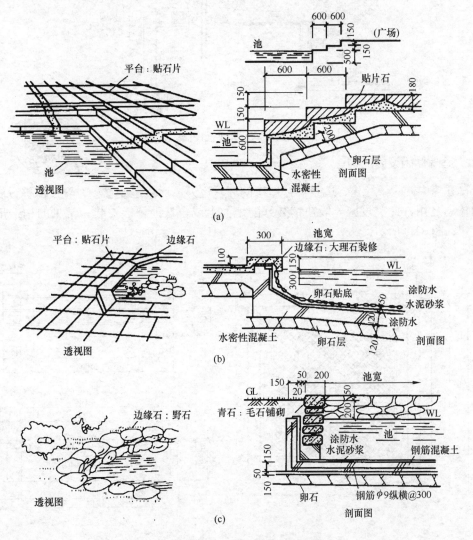

图 3.17　庭院地面与水池边缘的构造(单位：mm)

应用案例

以某饭店内庭院地面与水池连接的处理为例来说明，该实例中水池处理成自由线形，在地面与水池交接处以卵石作为分界，如图 3.18 所示。

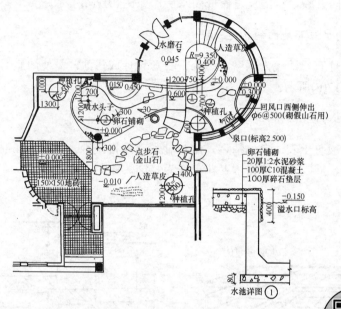

图 3.18　某室内庭园平面图(单位：mm)

3.3.4　庭院休闲设施的构造

在庭院中，除了绿化、造景等营造空间环境之外，通常还设置桌、凳及椅等设施以供人们休息之用，此类设施一般在铺装好的地面上或自然地坪上安装。常见的构造形式如图 3.19、图 3.20 所示。

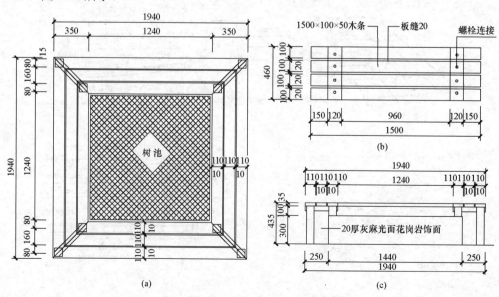

图 3.19　座椅及树池一体构造图(单位：mm)

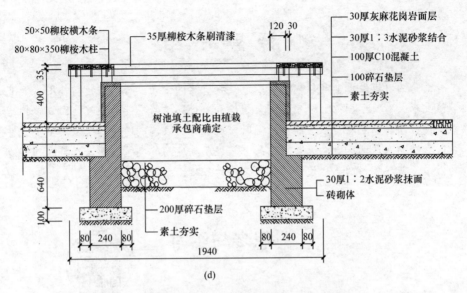

图 3.19　座椅及树池一体构造图(单位：mm)(续)

(a) 座椅及树池一体平面图；(b) 座椅平面图；(c) 座椅立面图；(d) 座椅及树池一体剖面图

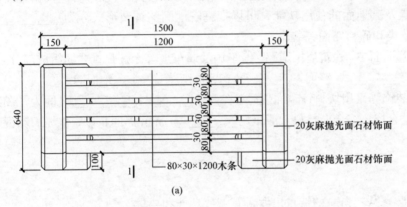

(a)

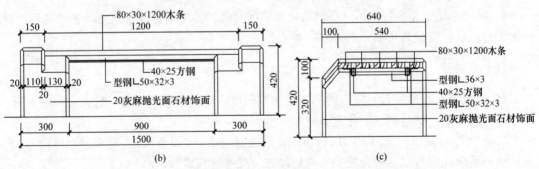

(b)　　　　　　　　　　　　　　　(c)

图 3.20　休息凳构造图(单位：mm)

(a) 休息凳平面图；(b) 休息凳立面图；(c) 1—1 剖面图

课 题 小 结

　　庭院作为外部空间和建筑内部空间连接和过渡的中介，有其独特的作用。庭院地面装饰装修要求具有交通引导、限定空间与组织和美化环境等功能。庭院地面装饰构造通常由面层、结合层、基层及垫层等组成。同时，庭院地面装饰构造按构造做法主要有整体式地面构造和块材式地面构造两大类。熟悉并掌握庭院地面各类构造做法及特殊部位地面构造将为营造庭院环境、改善环境条件建立必要的基础。

思考与练习

一、填空题

1. 庭院地面装饰构造组成地面的名称通常以面层所用的材料来命名，根据地面的铺装材料、装饰特点及其地面的使用功能，可以把庭院地面的铺装形式分为_____、_____、嵌草类和碎料路面铺装。

2. 在建筑庭院地面中，建筑周围道路、停车场及通车道等无疑是重要的组成部分之一。整体式地面主要有_____路面、_____路面和_____地面等。

3. 庭院地面装饰当采用块料铺筑面层时，在_____与_____之间为了黏结和找平而设置一层结合层。结合层材料一般采用_____ mm 厚的粗砂、水泥石灰混合砂浆或石灰砂浆。

二、简答题

1. 庭院地面装修从其自身的特点出发，有哪些功能和要求？

2. 庭院为了造景、绿化，以实现美化环境的目的，常常设有花坛来栽植各种花草，庭院地面与花坛接合处常用的处理方式有哪些？

三、实训题

1. 庭院花岗石地面具有良好的抗压性能和硬度，质地坚硬、耐磨、耐久、外观大方，被许多工程使用，试绘制庭院花岗石地面构造图。

2. 在大型公共建筑的门前广场和小型建筑的庭院中，常设置水池、喷泉及落水等水景，绘图说明庭院地面与水池接合处的几种处理方法有哪些构造做法。

课题 **4**

墙柱面装饰构造

学习目标

通过本课题学习应达到：熟悉墙柱面装饰的种类和相应的构造组成，掌握抹灰类、涂饰类、饰面砖(板)类、罩面板类以及卷材类饰面构造，能绘制其装饰构造图，熟悉墙柱特殊部位装饰构造，懂得柱面装饰构造做法。

学习要求

知 识 要 点	能 力 目 标
(1) 墙面装饰构造的分类 (2) 抹灰类饰面的类型及构造层次 (3) 一般抹灰饰面 (4) 装饰抹灰饰面	(1) 熟悉抹灰类饰面类型及构造组成 (2) 掌握一般抹灰构造及细部处理 (3) 掌握常用装饰抹灰类型及构造
(1) 建筑涂料的分类和组成 (2) 内墙涂料饰面的构造做法 (3) 外墙涂料饰面的构造做法 (4) 油漆类饰面	(1) 学会建筑涂料的分类、组成及特点 (2) 懂得涂饰类饰面的构造 (3) 学会内、外墙涂料饰面的构造设计 (4) 熟悉油漆类饰面
(1) 饰面砖类墙柱面的装饰构造 (2) 外墙面砖饰面的细部构造处理 (3) 饰面板贴挂法及干挂法构造 (4) 饰面板墙柱面细部装饰构造	(1) 掌握饰面砖类墙柱面的装饰构造 (2) 掌握饰面板类墙柱面的构造
(1) 木(竹)质类饰面 (2) 金属薄板饰面 (3) 玻璃饰面	(1) 掌握罩面板类饰面的基本构造 (2) 学会木、金属及玻璃饰面的构造
(1) 壁纸、壁布的品种、规格及特点 (2) 壁纸、壁布的装饰构造 (3) 软包饰面的构造及固定方法	(1) 熟悉壁纸、壁布的品种及特点 (2) 掌握壁纸、壁布的装饰构造 (3) 掌握软包饰面装饰的构造及固定方法
(1) 柱饰面的基本构造(骨架成型、面板安装) (2) 石材、金属饰面柱面的装饰构造	(1) 熟悉柱面饰面的基本构造 (2) 学会石材柱面装饰构造 (3) 懂得金属饰面板包柱构造

无论是居住建筑还是公共建筑，墙柱面都是装饰装修中的重要组成部分。如图 4.1 所示墙柱面装饰。在装饰设计中这些墙柱面装饰构造形式都是如何来实现的呢？

图 4.1　不同功能室内墙柱面装饰

墙面装饰分内墙面装饰和外墙面装饰。不同的墙面装饰有着不同的装饰效果和功能。外墙面装饰的主要功能是美化建筑物和城市景观，保护建筑物的外界面免受外界环境的侵蚀，改善建筑物外墙的保温、隔热及隔声等物理功能。内墙面装饰的主要作用是保护墙体，美化室内空间环境，提高室内的舒适度，保证室内采光、保温、隔热、防腐、防尘和声学等使用功能。

墙面装饰按所使用的装饰材料、构造方法和装饰效果的不同，分为以下几类。

(1) 抹灰类饰面构造，包括一般抹灰和装饰抹灰饰面装饰。

(2) 涂饰类饰面构造，包括涂料和刷浆等饰面装饰。

(3) 板块类饰面构造，包括石材、陶瓷制品和预制板材等饰面装饰。

(4) 罩面类饰面构造，包括在墙柱面上粘贴、安装木质板材和金属板材等。

(5) 卷材类饰面构造，包括裱糊墙柱面和软包墙柱面。

(6) 其他材料类，如玻璃幕墙等。

4.1　抹灰类饰面构造

抹灰是墙柱面装饰装修的常用方法。它被广泛用于多种饰面装修的基层，而且其本身也具有良好的装饰效果。

4.1.1　抹灰类饰面类型及构造层次

1. 抹灰类饰面类型

根据施工部位的不同，墙面抹灰可分为内墙抹灰和外墙抹灰。内墙抹灰一般是指内墙墙面、墙裙和柱体处的抹灰；外墙抹灰一般是指外墙面、屋檐、窗台、窗楣和腰线等处的抹灰。

根据面层材料及施工工艺的不同，墙面抹灰可分为一般抹灰和装饰抹灰两种。

2. 抹灰类饰面构造层次

抹灰类饰面为了避免出现裂缝，保证抹灰层牢固和表面平整，施工时须分层操作。无

论采用何种方法抹灰，其构造层都是基本相同的，一般由底层抹灰、中间抹灰和面层抹灰三部分组成，如图4.2所示。

1) 底层抹灰

底层抹灰主要是对墙体基层的表面处理，其作用是保证饰面层与基层黏结牢固和初步找平。

2) 中间抹灰

中间抹灰是保证装饰质量的关键层，其主要作用是找平与黏结，还可以弥补底层砂浆的干缩裂缝。一般用料与底层相同。根据墙体平整度与饰面质量要求，可一次抹成，也可分多次抹成。

3) 面层抹灰

面层抹灰又称"罩面"，其主要作用是满足装饰和其他使用功能，要求表面平整、色彩均匀、无裂缝，可以做成光滑或粗糙等不同质感的表面。

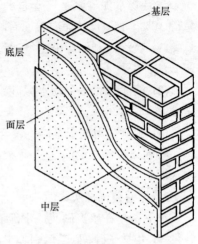

图4.2　抹灰的构造组成

4.1.2　一般抹灰饰面

一般抹灰饰面是指采用石灰砂浆、混合砂浆、聚合物水泥砂浆、麻刀灰和纸筋灰等，目前装饰装修工程中，一般抹灰的主要作用是对建筑墙面进行找平。

根据建筑物使用标准和设计要求，一般抹灰可分为普通、中级和高级三个等级。

(1) 普通抹灰是由一层底灰和一层面层组成的，也可不分层。总厚度一般为内墙厚度18mm、外墙厚度20mm。适用于简易住宅、大型临时设施、仓库及高标准建筑物的附属工程等。

(2) 中级抹灰是由一层底灰、一层中层和一层面层组成的。总厚度一般为20mm。适用于一般住宅、公共建筑、工业建筑以及高标准建筑物的附属工程等。

(3) 高级抹灰是由一层底灰、数层中层和一层面层组成的。总厚度一般为25mm。适用于大型公共建筑、纪念性建筑以及有特殊功能要求的高级建筑物。

4.1.3　装饰抹灰饰面

装饰抹灰是指利用材料特点和工艺处理，使抹灰面具有不同的质感、纹理及色泽效果的抹灰类型。装饰抹灰除具有与一般抹灰相同的功能外，还可使建筑立面具有独特的装饰效果和艺术风格。

装饰抹灰与一般抹灰做法基本相同，不同的是装饰抹灰的面层材料更具装饰性。根据所用材料和处理手法的不同，大致可归纳为砂浆类装饰抹灰及石砾类装饰抹灰两大类。

1. 砂浆类装饰抹灰

砂浆类装饰抹灰是在一般抹灰的基础上，对抹灰表面进行装饰性加工。这类饰面的面层材料一般为各类砂浆，只是因工艺不同而采取不同的材料配比，且往往需要专门的施工工具，如拉条抹灰、拉毛抹灰、假面砖、喷涂及滚涂等。

1) 聚合物水泥砂浆的喷涂、刷涂、滚涂饰面

聚合物水泥砂浆是在普通水泥砂浆中掺入适量有机聚合物(如白乳胶)，一般为水泥重量的 10%～15%，从而改善原有材料的性能。其施工方法主要有以下三种。

(1) 喷涂。利用压缩空气通过喷涂机具将聚合物水泥砂浆喷射到抹灰底层上的装饰抹灰做法。

(2) 滚涂。将聚合物水泥砂浆抹压在抹灰底层表面，然后用滚子滚出花纹的装饰抹灰做法。

(3) 刷涂。用刷子直接将聚合物水泥砂浆刷涂在抹灰底层表面的装饰抹灰做法。

喷涂、滚涂、刷涂这三种装饰抹灰的底层均为 12mm 厚的 1∶3 水泥砂浆，面层为聚合物水泥砂浆。

2) 拉毛装饰抹灰饰面

拉毛灰是在水泥砂浆或水泥石灰砂浆的底、中层抹灰完成后，在其上再涂抹水泥石灰砂浆等，用抹子碑、硬毛鬃刷等工具将砂浆拉出波纹或凸起的毛头而做成装饰面层，如图 4.3 所示。凸出拉毛面为 2～3mm，宽为 20mm，间距为 30mm。此类拉毛的底、中层抹灰，采用 1∶1∶6 水泥石灰砂浆，面层使用 1∶0.5∶1 的水泥石灰砂浆。拉出的条筋在稍干时，要用钢皮抹略做压平处理。

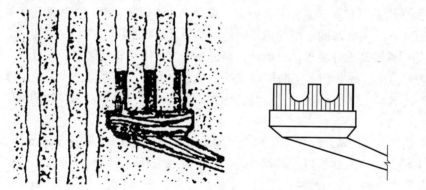

图 4.3　条筋形拉毛工艺工具

拉毛灰的基体处理与一般抹灰相同，其底层与中层抹灰要根据基体及罩面拉毛灰的不同而采用不同的砂浆，各层厚度均约为 7mm。水泥石灰砂浆拉毛的底、中层抹灰一般采用 1∶3 水泥砂浆或 1∶1∶6 的水泥石灰砂浆。面层的厚度要视拉毛的长度而定，其厚度一般为 4～20mm。

拉毛灰饰面较适用于有音响要求的礼堂、影剧院等室内墙面，也常用于外墙面、阳台栏板或围墙等饰面。拉毛灰虽具有漂亮的纹理和质感，但其表面粗糙、凸凹不平，较易积灰。

3) 假面砖面

假面砖饰面是采用掺加氧化铁红、氧化铁黄等颜料的彩色水泥砂浆作面层，用铁梳子、铁钩子等工具，通过手工操作，在彩色水泥砂浆面层上按面砖宽度划出沟纹，达到模拟面砖装饰效果的饰面做法。

2. 石渣类饰面

石渣类饰面是用以水泥为胶结材料、石渣为骨料的水泥石渣浆抹于墙体的表面,然后用水洗、水磨等工艺手段除去表面水泥皮,露出以石渣的颜色和质感为主的饰面做法。目前,常见的石渣类墙体饰面做法主要有水刷石和干粘石,其构造如图 4.4 所示。

1) 水刷石饰面

水刷石是用水泥和石子等加水搅拌,抹在建筑物的表面,半凝固后,用喷枪及水壶喷水,或者用硬毛刷蘸水,刷去表面的水泥砂浆,使石粒露出表面 1/3～1/2 粒径,清晰可见。

水刷石饰面的底、中层砂浆与一般抹灰基本相同,面层材料通常采用 1∶1 水泥大八厘(8mm)石粒浆或 1∶1.5 水泥中八厘(6mm)石粒浆。抹灰层厚度通常取石粒径的 2.5 倍。

2) 干粘石饰面

干粘石饰面是将彩色石粒直接粘在砂浆层上的

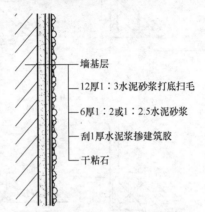

墙基层
12厚1∶3水泥砂浆打底扫毛
6厚1∶2或1∶2.5水泥砂浆
刮1厚水泥浆掺建筑胶
干粘石

图 4.4　水刷石、干粘石构造(单位:mm)

一种装饰抹灰做法。其底层也为 12mm 厚的水泥砂浆,中层则为 6mm 厚 1∶2 或 1∶2.5 的水泥砂浆,面层为 1mm 厚的素水泥浆黏结石子。

由于在黏结砂浆中掺入了适量的建筑胶,使得黏结层与基层、石粒与黏结层之间黏结牢度大大提高,从而进一步提高了耐久性和装修质量。干粘石的选料一般采用小八厘(4mm)石粒。由于石粒粒径较小,所以在黏结砂浆上易于密实排列,露出的黏结砂浆少,现已基本取代了水刷石的做法。

4.1.4　细部处理

1) 护角构造

为了防止室内墙(柱)面及门洞口等阳角部位被碰撞损坏,应对这些部位采取保护措施。通常用高强度的 1∶2 水泥砂浆或在墙(柱)角处用不锈钢、铝合金、木护角、PVC 塑料、橡胶护角等进行保护,护角高度应高出楼地面部分且不应小于 2m,每侧宽度不小于 50mm,如图 4.5 所示。

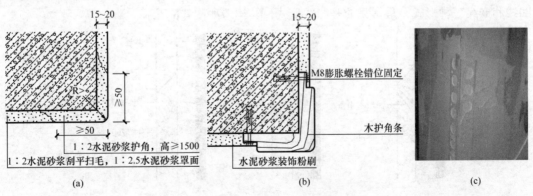

15～20
R 6
≥50
≥50
1∶2水泥砂浆护角,高≥1500
1∶2水泥砂浆刮平扫毛,1∶2.5水泥砂浆罩面
(a)

15～20
M8膨胀螺栓错位固定
木护角条
水泥砂浆装饰粉刷
(b)

(c)

图 4.5　墙(柱)的护角

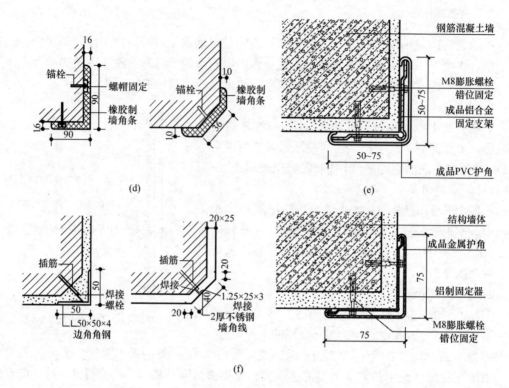

图 4.5　墙(柱)的护角(续)

(a) 水泥砂浆护角；(b) 木护角；(c) 塑料护角线；(d) 橡胶护角；(e) PVC 护角线；(f) 金属护角

2) 分块与设缝

外墙面抹面一般面积较大，由于材料干缩和温度变化，容易产生裂缝，同时考虑到施工接槎需要，为了达到操作方便、保证质量、利于日后维修、丰富建筑立面等目的，通常将抹灰饰面面层进行分格与设缝。

分块大小应与建筑立面处理相结合，分格缝做法是在底层抹灰完成之后粘贴分格条，再抹中间层、面层砂浆，与分格条抹齐平后大面刮平、搓实、压光，面层抹灰完毕后及时取下分格条，再用水泥砂浆勾缝，以提高抗渗能力。分块缝一般缝宽为 20mm，有凸线、凹线和嵌线三种形式，最常见的是凹线形式，其构造如图 4.6 所示。

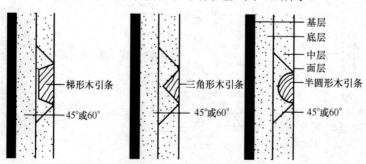

图 4.6　分格缝构造做法

应用案例

　　某民用建筑外墙面装修，采用的是两种不同颜色的干粘石(水刷石)饰面，立面施工图如图 4.7 所示。

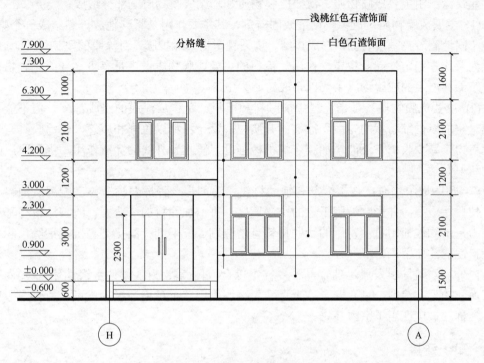

图 4.7　某二层楼外墙装修立面图

4.2　涂饰类饰面构造

　　涂饰类饰面是指在墙面基层上，经批刮腻子处理，使墙面平整，然后将所选定的建筑涂料刷于其上所形成的一种饰面。

　　涂饰类饰面根据涂刷材料的不同，分为涂料饰面、刷浆饰面和油漆饰面三大类。下面重点介绍涂料饰面的材料及构造做法。

4.2.1　建筑涂料的分类和组成

1. 建筑涂料的分类

　　(1) 按涂料状态分类：可分为溶剂型涂料、乳液型涂料、水溶性涂料和粉末涂料。
　　(2) 按涂料的装饰质感分类：可分为薄质涂料、厚质涂料和复层涂料。
　　(3) 按建筑物涂刷部位分类：可分为外墙涂料、顶棚涂料、内墙涂料、屋面顶涂料和地面涂料。

(4) 按涂料的功能分类：可分为防火涂料、防结露涂料、防水涂料、防虫涂料、防霉涂料、防静电涂料和弹性涂料。

2. 建筑涂料的组成

建筑涂料由主要成膜物质、次要成膜物质和辅助成膜物质三部分组成。

(1) 主要成膜物质：也称胶粘剂或固着剂，其主要作用是将其他成分黏结成一个整体，并能牢固地附着在基层表面，形成连续、均匀且坚韧的保护膜，对涂膜的坚韧性、耐磨性、耐候性及化学稳定性起着决定性作用。涂料的主要成膜物质大多是有机高分子化合物，我国建筑涂料所用的成膜物质主要以合成树脂为主。

(2) 次要成膜物质：是指涂料中的颜料和填料，是构成涂膜的组成部分，但不能单独成膜。它们以微细粉状均匀散于涂料的介质中，赋予涂料以色彩和质感，使涂膜具有一定的遮盖力，减少收缩，还能增加膜层的机械强度，防止紫外线的穿透作用，提高膜层的抗老化和耐候性。

(3) 辅助成膜物质：是指溶剂和辅助材料。溶剂是一种挥发性液体，能溶解油料、树脂，使树脂成膜，并影响涂膜干燥的快慢速度，可增加涂料的渗透力，改善涂料与基层的黏结力，节约涂料用量。常用的辅助材料有增塑剂、催干剂、固化剂和抗氧剂等，起着改善涂料性能的作用。

内外墙建筑涂料发展迅速，品种多样，以合成树脂乳液(或其他水溶性化合物)为基料加工而成的建筑涂料，具有安全、无毒、无味、不燃、不污染环境等优点，故有"绿色涂料"之称，被广泛用于室内装修。

知识链接

特种涂料对被涂物不仅具有保护和装饰的作用，还有其他特殊作用。例如，对蚊、蝇等害虫有速杀作用的卫生涂料，具有阻止霉菌生长的防霉涂料；能消除静电作用的防静电涂料，能在夜间发光起指示作用的发光涂料等，这些特种涂料在我国刚刚问世不久，品种较少，但其独特的功能打开了建筑涂料的新天地，展现了建筑涂料工业无限的生命力。

1) 发光涂料

发光涂料是指在夜间能指示标志的一类涂料。发光涂料一般有两种：蓄发性发光涂料和自发性发光涂料。它由成膜物质、填充剂和荧光颜色等组成，之所以能发光是因为其内含有荧光颜料的缘故。当荧光颜料(主要是硫化锌等无机氧料)的分子受光的照射后而被激发、释放能量，夜间或白昼都能发光，明显可见。

2) 防水涂料

防水涂料用于地下工程、卫生间及厨房等场合。早期的防水涂料以熔融沥青及其他沥青加工类产物为主，现在仍在广泛使用。近年来，以各种合成树脂为原料的防水涂料逐渐发展起来，按其状态可分为溶剂型、乳液型和反应固化型三类。

3) 防霉涂料及灭虫涂料

(1) 防霉涂料以不易发霉材料(如硅酸钾水玻璃涂料和氧乙烯-偏氯乙烯共聚乳液)为主要成膜物质，加入两种或两种以上的防霉剂(多数为专用杀菌剂)制成。涂层中含有一定量的防霉剂就可以达到预期防霉效果。它适用于食品厂、卷烟厂、酒厂及地下室等易产生霉变的内墙墙面。

(2) 防虫涂料是在以合成树脂为主要成膜物质的基料中，加入各种专用杀虫剂、驱虫剂制成的功能性涂料。它具有良好的装饰效果，对蚊、蝇、蟑螂等害虫有速杀和驱除功能，适用于城乡住宅、医院及宾馆等的居室、厨房、卫生间、食品储存室等处。

4.2.2 涂饰类饰面的构造

1. 涂饰类饰面层

涂饰类饰面的涂层构造，一般可分为三层，即底涂层、中间涂层和面涂层。

1) 底涂层

底涂层俗称刷底漆，主要作用是增加涂层与基层之间的黏附力，进一步清理基层表面的灰尘，使一部分悬浮的灰尘颗粒固定于基层。底层涂层还具有基层封闭剂(封底)的作用，可以防止木脂、水泥砂浆抹灰层中的可溶性盐等物质渗出表面，造成对涂饰饰面的破坏。

2) 中间涂层

中间涂层即中间层，也称主层涂料，是整个涂层构造中的成形层。其目的是通过适当的工艺，形成具有一定厚度、匀实饱满的涂层，既能保护基层，又能通过这一涂层形成所需的装饰效果。中间层的质量好，不仅可以保证涂层的耐久性、耐水性和强度，在某些情况下还可对基层起到补强的作用。主层涂料主要采用以合成树脂为基料的厚质涂料。

3) 面涂层

面涂层即罩面层。其作用是体现涂层的色彩和光感，提高饰面层的耐久性和耐污染能力。为了保证色彩均匀，并满足耐久性、耐磨性等方面的要求，面层最低限度应涂饰两遍。一般来说，油性漆、溶剂型涂料的光泽度普遍要高一些。采用适当的涂料生产工艺、施工工艺，水性涂料和无机涂料的光泽度可以赶上或超过油性涂料、溶剂型涂料的光泽度。

2. 涂料饰面的基本构造

根据我国颁布的建筑涂料国家标准，内墙涂料基本有下列四类。
(1) 合成树脂乳液内墙涂料，俗称合成树脂乳胶漆。
(2) 合成树脂乳液砂壁状建筑涂料，俗称彩砂涂料、砂胶涂料或彩砂乳胶漆。
(3) 复层建筑涂料，俗称凹凸复层涂料或复层浮雕花纹涂料。
(4) 水溶性内墙涂料。
外墙建筑涂料基本有下列三类。
(1) 合成树脂乳液外墙涂料，俗称乳胶漆。
(2) 合成树脂乳液砂壁状建筑涂料，俗称彩砂涂料。
(3) 复层建筑涂料，俗称凹凸复层涂料或复层浮雕花纹涂料。
不同基层涂料饰面的构造做法略有所不同，常见构造如图 4.8～图 4.11 所示。

3. 油漆类饰面

油漆是指涂刷在材料表面能够干结成膜的有机涂料，用此种涂料做成的饰面即称为油漆饰面。油漆的类型很多，按使用效果分为清漆、色漆等；按使用方法分为喷漆、烘漆等；

按漆膜外观分为有光漆、亚光漆、皱纹漆等；按成膜物进行分类，有油基漆、含油合成树脂漆、不含油合成树脂漆、纤维衍生物漆、橡胶衍生物漆等。

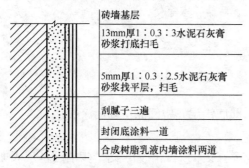

图 4.8　合成树脂乳液涂料(砖墙基层)

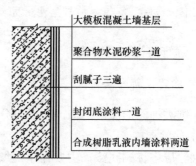

图 4.9　合成树脂乳液涂料(大模板混凝土基层)

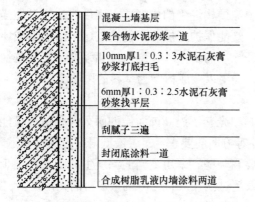

图 4.10　合成树脂乳液涂料(混凝土墙基层)

图 4.11　合成树脂乳液涂料(加气混凝土墙基层)

　　油漆墙面可以做成各种色彩，用它可做成平涂漆，也可做成各种图案、纹理和拉毛。用油漆做墙面装饰时，要求基层平整，充分干燥，且无任何细小裂缝。油漆墙面的一般构造做法是，先在墙面上用水泥砂浆打底，再用混合砂浆粉面两层，总厚度为 20mm 左右，最后涂刷一底两度油漆。

　　油漆用于室内有较好的装饰效果，易保持清洁，但涂层的耐光性差，有时对墙面基层要求较高，施工工序繁多，工期长。随着涂料化学工业的发展，油漆将被更合理的墙面装饰材料代替。

4.3　饰面砖(板)类饰面构造

　　饰面砖(板)类饰面是指将饰面砖、石材等材料通过相应的构造粘贴或安装在墙、柱体基层上的装饰方法。按装饰材料及施工方法的不同，饰面砖(板)类墙柱面装饰可分为饰面砖墙柱面和石材墙柱面。

4.3.1 饰面砖类饰面构造

饰面砖墙柱面是指将大小不同的饰面砖粘贴于墙、柱体基层上的装饰方法。饰面砖按其规格和装饰效果不同，可分为釉面砖、马赛克、通体砖及玻化砖。

1. 饰面砖类墙柱面的装饰构造

无论粘贴釉面砖、通体砖、玻化砖还是马赛克，其构造都可以采用相同水泥砂浆粘贴法。即先在墙柱面基层上抹 8～15mm 厚 1∶3 水泥砂浆找平层；粘贴砂浆一般用 1∶2 水泥砂浆或 1∶0.15∶2 水泥石灰砂浆，其厚度一般为 5～8mm，若采用掺入 3%～5%建筑胶的1∶2 水泥砂浆或素水泥浆粘贴时效果更好。粘贴层也可以用专用胶粘剂，但不是满刮而是局部涂抹在饰面砖背面的四角和中央，最后用白水泥擦缝或专用勾缝剂勾缝，如图 4.12、图 4.13 所示。

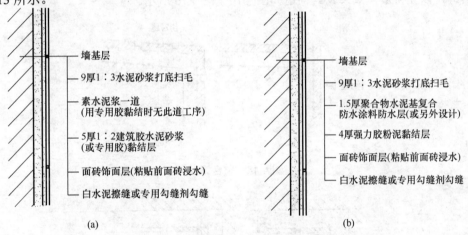

图 4.12　面砖粘贴饰面构造(单位：mm)

(a) 面砖内墙面；(b) 有防水面砖内墙面

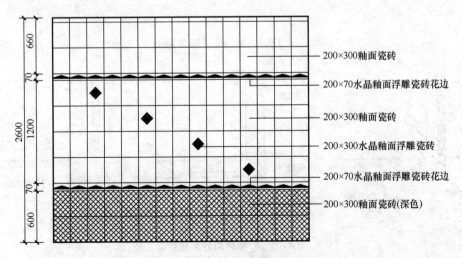

图 4.13　面砖装饰立面图(单位：mm)

特别提示

在进行墙柱面基层上抹水泥砂浆找平层时，对于不同的基层还应进行相应处理，常见的情况有：①当基体为混凝土时，为防止混凝土表面与抹灰层结合不牢，发生空鼓，要满刮一道混凝土界面处理剂，随刷随抹底灰。②当为加气混凝土墙表面时，应在基体清洁后，先刷加气混凝土界面处理剂一道，再铺钢丝直径为 0.7mm、孔径为 32mm×32mm 的镀锌机织钢丝网一道，然后抹底层砂浆。

2. 外墙面砖饰面的细部构造处理

在铺贴外墙面砖时，在窗台、阴角、阳角等处应充分考虑主饰面的方位，合理切割和搭接砖缝，以获得最佳效果。其构造如图 4.14～图 4.16 所示。

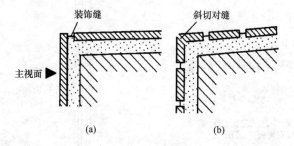

图 4.14　窗台饰面

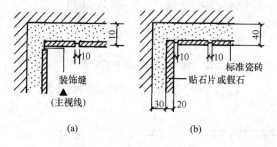

图 4.15　外墙饰面砖阴角构造

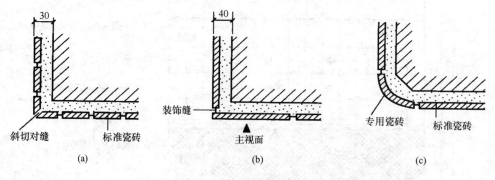

图 4.16　外墙饰面砖阳角构造

3. 外墙面砖的排列形式

外墙面砖的排列形式主要是确定面砖的排列方法和砖缝的大小。面砖的排列形式多种多样。砖缝主要有密缝、宽缝两种形式。不同的排列组合，能获得不同的艺术效果，如图4.17所示。

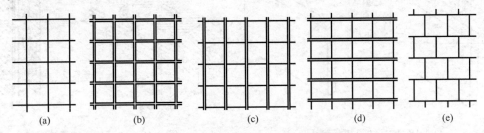

图 4.17　外墙面砖排列形式

(a) 密缝排列；(b) 宽缝排列；(c) 横密、竖宽排列；
(d) 横宽、竖密排列；(e) 错缝排列

排列时应该遵循以下原则，即凡阳角部位都应是整砖，而且阳角处正立面整砖应盖住侧立面整砖。对大面积墙面砖的镶贴，除了不规则的部位之外，其他均不裁砖。除柱面镶贴外，其余阳角不得对角粘贴。

4.3.2　饰面板类饰面构造

饰面板类墙柱面主要有天然板材和人造板材两类。用于墙柱面的天然板材主要有大理石、花岗岩等，人造板材主要有人造大理石饰面板、玻化砖、预制水磨石饰面板等。

在用饰面板材进行墙柱面装饰时，因板材规格、尺寸的不同，镶贴方法也不同。最常用的板材类饰面主要是石材(大理石、花岗岩)，按尺寸大小可分为小规格石材(边长尺寸小于等于400mm×400mm，厚度小于20mm)和大规格石材(边长尺寸大于400mm×400mm，厚度大于20mm)两种。

1. 小规格石材

小规格石材一般采取粘贴的方法。其构造基本同于饰面砖装饰构造。

2. 大规格石材

大规格石材一般采取安装的方法。安装方法按工艺和构造的不同，又可分为传统钢筋网贴挂法(湿挂法)和干挂法。

1) 传统钢筋网贴挂法

首先在砌墙时预埋镀锌铁钩，并在铁钩内立竖筋，间距为500～1000mm，然后按面板位置在竖筋上绑扎横筋，构成一个钢筋网。如果基层未预埋钢筋，可用膨胀螺栓固定预埋件，然后进行绑扎或焊接竖筋和横筋。再将预先加工出孔槽的石材用铜丝或镀锌铁丝捆扎在钢筋骨架上并调垂直、平整。最后在石材背面与基层间的缝隙内按20～30mm分层灌入1：2.5水泥砂浆，如图4.18和图4.19所示。

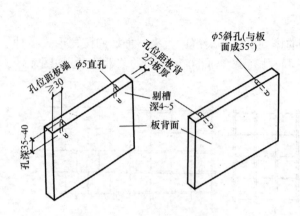

图 4.18　饰面板开槽示意图　　　　图 4.19　饰面板传统钢筋网挂

2) 干挂法

干挂法又称空挂法，是用高强度螺栓和耐腐蚀、高强度的柔性连接件将饰面板直接吊挂于墙体上或空挂于钢骨架上的构造做法，该方法不需要再灌浆粘贴。干挂法的构造要点是在石材饰面板的边缘剔槽，通过钢连接件固定于角钢骨架上。饰面板与结构表面之间有80～90mm 距离，如图 4.20～图 4.22 所示。

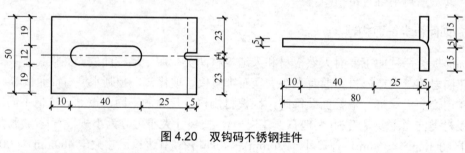

图 4.20　双钩码不锈钢挂件

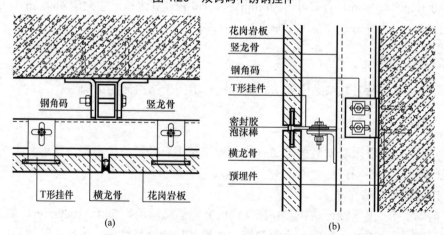

(a)　　　　　　　　(b)

图 4.21　T 型(或双钩码)缝干挂法构造

(a) 横向截面；(b) 纵向截面

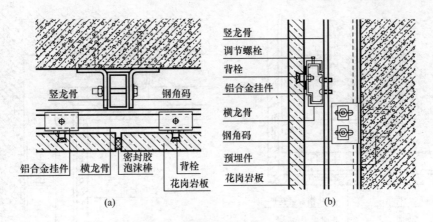

图 4.22 背栓插槽式干挂法构造

(a) 横向截面；(b) 纵向截面

3. 饰面板石材墙柱面细部装饰构造

1) 阴阳角的细部构造处理

石材转角分阴角和阳角。阴角的一般做法是将两块石板直接拼压，也可加嵌转角石。阳角一般在墙面和柱子转角处都会用到，通常都要对石材进行切边、倒角后再进行拼接，有的也可加嵌方形转角石，如图 4.23、图 4.24 所示。

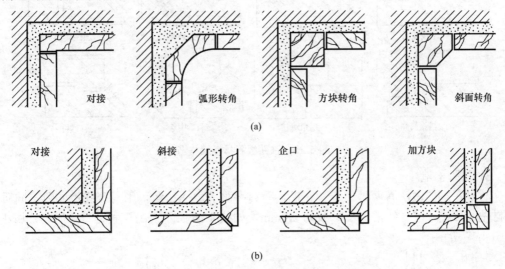

图 4.23 石材阴阳角构造

(a) 阴角处理；(b) 阳角处理

2) 石材接缝构造

饰面板的拼缝对装饰效果影响较大，平面布置石材饰面板的接缝主要有平接、搭接、嵌件连接等，如图 4.25 所示。

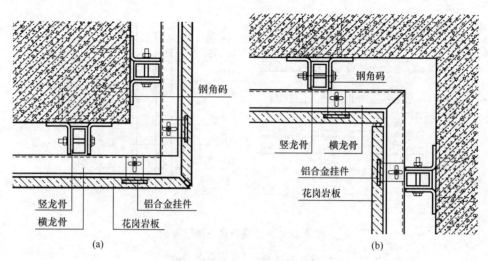

图 4.24　干挂石材阴阳角构造

(a) 阳角处理；(b) 阴角处理

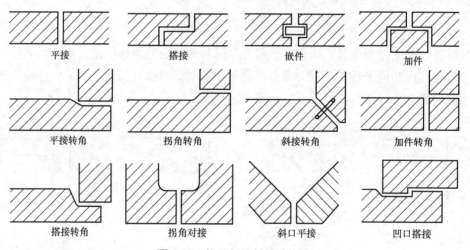

图 4.25　饰面板石材接缝构造

3) 踢脚构造

石材踢脚的做法有两种：一种在贴近石材踢脚的地面边缘，用与踢脚板同色、同质的石材做波打线，波打线的宽度一般为 150mm，如图 4.26 所示；另一种是只设石材踢脚板，如图 4.27 所示。

图 4.26　带波打线的踢脚线　　　　图 4.27　不带波打线的踢脚线

从石材踢脚与墙面的连接来看，有的踢脚凸出于墙面，有的踢脚凹于墙面，如图 4.28 所示。

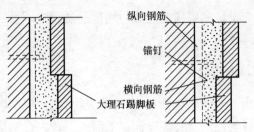

图 4.28　石材踢脚与墙面连接

4) 石材腰线及顶棚衔接处理

有时为使石材墙面有层次感、不呆板，会在墙面适宜部位加设装饰线(俗称腰线)，构造如图 4.29 所示。石材墙面与吊顶的衔接构造如图 4.30 所示。

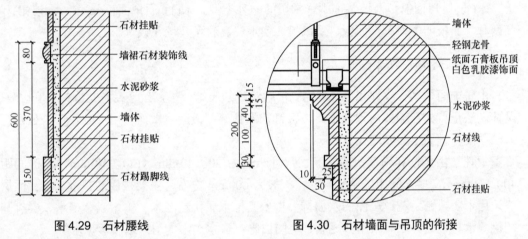

图 4.29　石材腰线　　　　　　　**图 4.30　石材墙面与吊顶的衔接**

4.4　罩面板类饰面构造

镶板类墙柱面是指将木与木制品、竹与竹制品、金属薄板、玻璃板、塑料板等饰面板，通过镶、钉、拼、贴、挂等方法构造而成的墙、柱装饰面层。该类饰面有如下特点。

1. 装饰效果丰富

不同的饰面板，因材质不同，可以达到不同的装饰效果。如采用木与木制品使人感到温暖、亲切、舒适、美观，木材原有的纹理和色泽，更显质朴、高雅；采用金属薄板饰面，会使墙体饰面色泽美观，花纹精巧，装饰效果华贵。

2. 耐久性能好

根据墙体所处环境选择适宜的饰板材料，若技术措施和构造处理合理，墙体饰面必然具有良好的耐久性。

3. 施工安装简便

饰面板通过镶、钉、拼、贴等构造方法与墙体基层固定，虽然施工技术要求较高，但现场湿作业量少，安全简便。

4.4.1 罩面板类饰面的基本构造

罩面板类饰面一般由龙骨和装饰面板(有的情况由龙骨、安装底板和装饰面板)组成。具体构造应视饰面板的材料特点及装饰设计要求而定。首先在基层上固定龙骨，然后在骨架上固定安装底板形成饰面板的结构层，利用粘贴、紧固件连接、嵌条定位等方法将饰面板固定在骨架上。

4.4.2 木(竹)质类饰面

木(竹)质罩面板是内墙装饰中最常用的一种类型。木(竹)质罩面板分局部(木墙裙)和全高两种。面板的类型有饰面板、实木板、实木线、竹条及刨花板等。

1. 木质饰面类构造

木质饰面板具有纹理和色泽丰富、接触感好的装饰效果，有薄实木板和人造板材两种。具体做法是首先在墙体内预埋木砖，再钉立木骨架，最后将罩面板用镶贴、钉、上螺钉等方法固定在骨架上，如图 4.31 所示。

木骨架由竖筋和横筋组成，断面尺寸一般为(20~40)mm×(20~40)mm，竖筋间距为400~600mm，横筋间距可稍大一些，一般为 600mm 左右，主要按板的规格来定。面层一般选用木质致密、花纹美丽的水曲柳、柳安、柚木、桃花芯木、桦木、紫檀木、樱桃和黑胡桃等木材贴面，还可采用沙比利、美国白影、日本白影、尼斯木和珍珠木等。

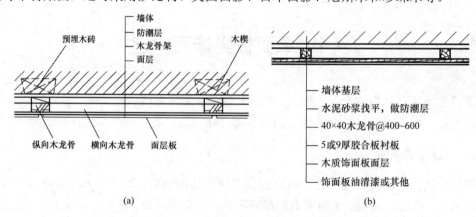

图 4.31　木饰面基本构造(单位：mm)

2. 木(竹)条饰面的基本构造

木(竹)条饰面具有表面光洁、坚硬、富有韧性和弹性，且能加工成造型各异的线条，具有凸凹有致，给人高贵、典雅之感；竹条饰面一般应选用 ϕ 20mm 的整圆或半圆直径均匀的竹材。如图 4.32、图 4.33 所示。

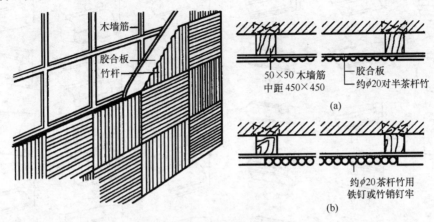

图 4.32　竹饰面护壁构造(单位：mm)

(a) 钉半圆竹竿席纹墙面；(b) 钉圆竹竿席纹墙面

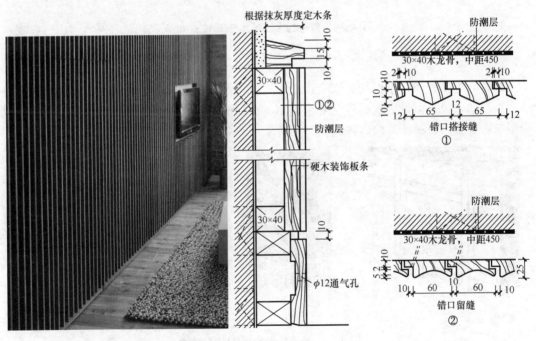

图 4.33　木条饰面构造(单位：mm)

知识链接

　　木线条是装饰工程中各交接面、衔接口的收边封口材料，在装饰结构上起着固定、连接且加强装饰面的作用。木装饰线条通常采用硬杂木木线、水曲柳木线、柚木线、榉木线和胡桃木线等。图 4.34 是几种常见的木线条式样。

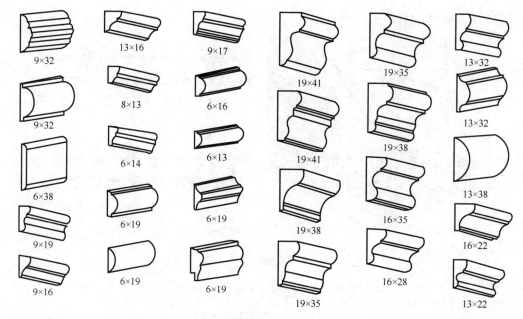

图 4.34　常见的木线条式样(单位：mm)

3. 吸声、消声墙面的基本构造

对胶合板、硬质纤维板和装饰吸声板等进行打洞，使之成为多孔板，可以装饰成吸声墙面，孔的部位与数量应根据声学要求确定。在板的背后、木筋之间要求补填玻璃棉、泡沫塑料块等吸声材料。其构造如图4.35所示。

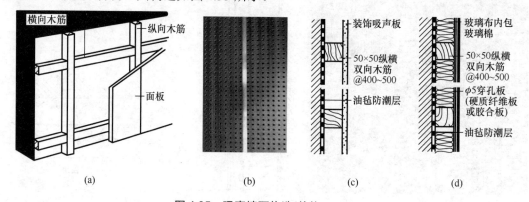

图 4.35　吸声墙面构造(单位：mm)

(a) 吸声墙面；(b) 钻孔饰面板；(c) 装饰声板；(d) 穿孔板

4. 细部构造处理

1) 板与板的拼接构造

按拼缝的处理方法，可分为平缝、高低缝、压条、密缝、离缝等方式，如图4.36所示。

2) 护墙板与顶棚交接处构造

护墙板与顶棚交接处的收口及木墙裙的上端一般宜做压顶或压条处理，构造如图 4.37所示。

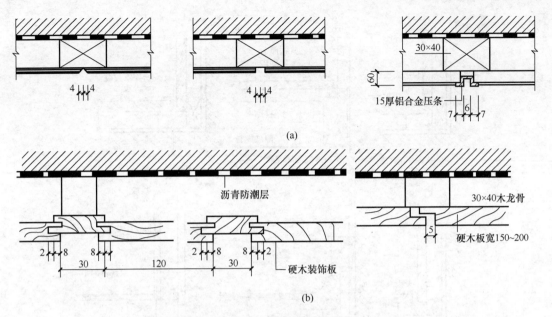

(b)

图 4.36　板与板的拼接构造(单位：mm)

(a) 饰面板的拼接构造；(b) 实木镶板的拼接构造

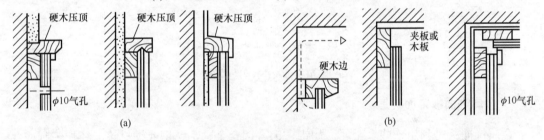

图 4.37　护墙板与顶棚交接构造(单位：mm)

(a) 压顶；(b) 上口

3) 拐角构造

阴角和阳角的拐角可采用对接、斜口对接、企口对接和填块等方法，如图 4.38 所示。

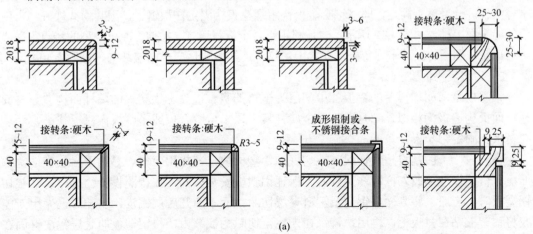

(a)

图 4.38　拐角处理(单位：mm)

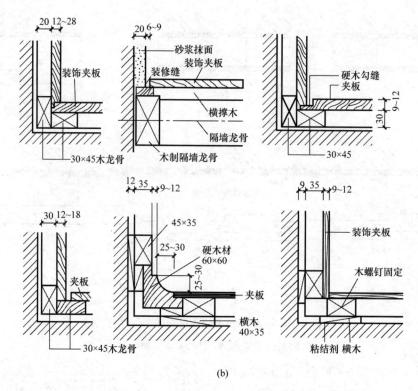

图 4.38　拐角处理(单位：mm)(续)

(a) 阳角构造；(b) 阴角构造

4.4.3　金属饰面板饰面构造

金属饰面板是利用一些轻金属，如铝、铜、铝合金、不锈钢或钢材等，经加工制成各类压型薄板，装饰工程中应用较多的有铝塑板、铝合金单板、不锈钢板、钛金板、彩色搪瓷钢板和铜合金板等。

1) 铝合金饰面板

铝合金饰面板根据几何尺寸的不同，可分为条形扣板和铝合金单板，其构造连接方式通常有两种：一是直接固定，即将铝合金板块用螺栓直接固定在型钢上，因其耐久性好，常用于外墙饰面工程，如图 4.39 所示；二是利用铝合金板材压延、拉伸、冲压成型的特点，做成各种形状，然后将其压卡在特制的龙骨上，这种连接方式适应于内墙装饰，如图 4.40 所示。

2) 铝塑板饰面

铝塑板是两面均很薄的铝板，中间层为塑料的复合板材。铝塑板的墙柱面构造，与其他饰面板构造极为相似，都是在木或金属骨架上以多层胶合板或密度板作衬板找平，然后在衬板上固定铝塑板。

在室内，一般是将按设计尺寸裁切好的铝塑板块，直接用万能胶黏结于衬板表面，饰面板分格缝以玻璃胶勾嵌；在室外，为保证铝塑板安装牢固，在按照设计的分格尺寸裁切铝塑板时，一般只将其面层铝皮及塑料夹层切断，而不断开底层铝皮，安装时，先用万能胶将铝塑板粘在衬板上，再用拉铆钉在未完全切断的板缝内，将铝塑板的底层铝皮钉固在衬板上，最后用玻璃胶勾嵌板分格缝。如图 4.41 所示。

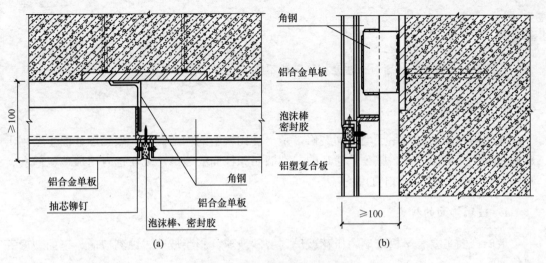

图 4.39　铝合金单板连接构造

(a) 横向截面；(b) 纵向截面

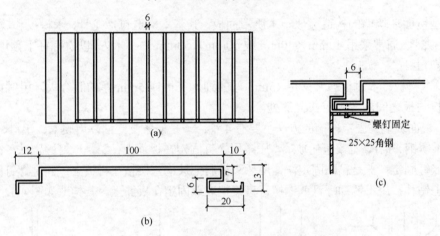

图 4.40　铝合金扣板条构造

(a) 墙立面；(b) 条板断面；(c) 条板固定构造

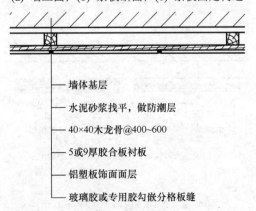

图 4.41　铝塑板饰面构造墙面(单位：mm)

特别提示

以铝塑板装饰墙、柱面时，注意接缝一般不留设在墙、柱面阳角处。

4.4.4 玻璃饰面

玻璃作为饰面材料用于墙柱面装修，是一种比较新的构造做法。玻璃墙柱面主要用于厨房和卫生间墙面以及一些公共建筑的局部墙面和柱面的装修，现在也有用玻璃包门套、哑口(即不安装门的门洞口)的做法。

1. 玻璃饰面的种类

玻璃饰面主要有平板玻璃、压花玻璃、磨砂玻璃、彩绘玻璃、蚀刻玻璃、镜面玻璃等墙体饰面。

2. 玻璃饰面基本构造

大型镜面玻璃墙的构造类似于木质罩面板，其基本构造包括龙骨、木衬板和镜面玻璃。

(1) 龙骨。通常采用 40mm×40mm 或 50mm×50mm 的小木方，以铁钉钉于预埋木砖(或加塞木楔)上。

(2) 木衬板。木衬板通常采用 15mm 厚的细木工板或 5mm 厚的胶合板，用射钉与墙筋固定，板与板之间的缝隙应在立筋处。

(3) 镜面玻璃。固定玻璃的方法主要有 4 种：一是嵌条固定法，用硬木、塑料、金属(铝合金、不锈钢、铜)等压条压住玻璃，压条用螺钉固定在板筋上；二是嵌钉固定法，在玻璃的交点用嵌钉固定；三是粘贴固定法，用环氧树脂把玻璃直接粘在衬板上；四是螺钉固定法，在玻璃上钻孔，用不锈钢螺钉或铜螺钉直接把玻璃固定在板筋上。其构造如图 4.42 所示。

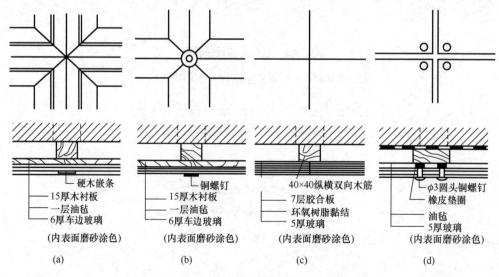

图 4.42 玻璃饰面构造(单位：mm)

(a) 嵌条固定；(b) 嵌钉固定；(c) 粘贴固定；(d) 螺钉固定

知识链接

为了防止潮气使木衬板变形，镀层脱落，从而使镜面失去光泽，应在木龙骨安装前，在墙面与龙骨间加做防潮层，即刷两遍聚氨酯防水涂料，也可将油毡夹于木衬板与镜面玻璃之间。

知识链接

随着建筑装饰的不断发展和建筑五金品种的不断丰富，现在比较流行的做法是用广告钉直接将玻璃悬挂在墙、柱面之上。这种做法的特点是墙面无须做找平和防潮处理，构造和施工工艺简单。如用玻璃包门套、哑口等一般采用这种方法。

4.5 裱糊与软包类饰面构造

裱糊工程在我国有着悠久的历史，它是指采用建筑装饰卷材，通过裱贴或铺钉等方法覆盖于室内墙、柱、顶面及各种装饰造型构件表面的装潢饰面工程。在现代室内装修中，经常使用的有壁纸、墙布、皮革及微薄木等。壁纸、墙布色彩和图案丰富，装饰效果好，因此被广泛应用于宾馆、酒店的标准房间及各种会议、展览及住宅卧室等场所。

4.5.1 壁纸、壁布饰面

1. 壁纸、壁布品种

壁纸的种类很多，分类方式也多种多样。按外观装饰效果分，有印花壁纸、压花壁纸、浮雕壁纸等；按施工方法分，有现场刷胶裱糊、背面预涂压胶直接粘贴类；按使用功能分，有防火壁纸、耐水壁纸、装饰性壁纸；按壁纸的所用材料分，有塑料壁纸、纸质壁纸、织物壁纸、石棉纤维或玻璃纤维壁纸、天然材料壁纸等。在习惯上，一般将壁纸分为三类，即普通壁纸、发泡壁纸和特种壁纸，常见的壁纸和墙布品种、特点及适用范围见表4-1。

表4-1 常用壁纸和墙布的品种特点

类　别		说　明	特　点	适用范围
普通壁纸	单色压花壁纸	纸面纸基壁纸，有大理石、各种木纹及其他印花等图案	花色品种多,适用面广、价格低。可制成仿丝绸、织锦等图案	居住和公共建筑内墙面
	印花壁纸		可制成各种色彩图案，并可压出立体感的凹凸花纹	
发泡壁纸	低发泡 中发泡 高发泡	发泡壁纸，亦称浮雕壁纸。是以纸作基材，涂塑掺有发泡剂的聚氯乙烯(PVC)糊状料，印花后，再经加热发泡而成。壁纸表面呈凹凸花纹	中高档次的壁纸，装饰效果好，并兼有吸声功能，表面柔软，有立体感	卫生间浴室等墙面

类 别		说 明	特 点	适用范围
特种壁纸	耐水壁纸	耐水壁纸是用玻璃纤维毡作基材	有一定的防水功能	卫生间浴室等墙面
	防火壁纸	选用石棉纸作基材,并在PVC涂塑材料中掺有阻燃剂	有一定的阻燃防火性能	防火要求较高的室内墙面
	彩色砂粒壁纸	彩色砂粒壁纸是在基材表面上撒布彩色砂粒,再喷涂胶粘剂,使表面具有砂粒毛面	具有一定的质感,装饰效果好	一般室内局部装饰
聚氯乙烯壁纸 (PVC 塑料壁纸)		以纸或布为基材,PVC 树脂为涂层,经复印印花、压花、发泡等工序制成	具有花色品种多样、耐磨、耐折、耐擦洗,可选性强等特点,是目前产量最大,应用最广泛的一种壁纸。经过改进的、能够生物降解的 PVC 环保壁纸,无毒、无味、无公害	各种建筑物的内墙面及顶棚
织物复合壁纸		将丝、棉、毛、麻等天然纤维复合于纸基上制成	具有色彩柔和、透气、调湿、吸声、无毒、无味等特点,但价格偏高,不易清洗	饭店、酒吧等高级墙面点缀
金属壁纸		以纸为基材,涂覆一层金属薄膜制成	具有金碧辉煌,华丽大方,不老化,耐擦洗,无毒、无味等特点。金属箔非常薄,很容易折坏,基层必须平整洁净,应选用配套胶粉裱糊	公共建筑的内墙面、柱面及局部点缀
复合纸质壁纸		将双层纸(表纸和底纸)施胶、层压,复合在一起,再经印刷、压花、表面涂胶制成	具有质感好、透气、价格较便宜等特点	各种建筑物的内墙面

2. 壁纸、壁布的规格

壁纸、壁布的规格可分为大卷、中卷和小卷,其具体尺寸规格见表 4-2。卷壁纸的每卷段数及段长见表 4-3。其他规格尺寸由供需双方协商或以标准尺寸的倍数供应。

表 4-2　壁纸、壁布规格

规 格	幅宽/mm	长/m	每卷面积/m^2
大卷	920～1200	50	40～90
中卷	760～900	25～50	20～45
小卷	530～600	10～12	5～6

表 4-3　卷壁纸的卷段数及段长

级 别	每卷段数(不多于)	每小段长度(不小于)
优等品	2 段	10m
一等品	3 段	3m
合格品	6 段	3m

3. 壁纸墙布的构造

1) 壁纸饰面构造

各类壁纸均应粘贴在具有一定强度、表面平整光洁、不疏松掉粉的基层上。一般构造做法如图 4.43 所示。

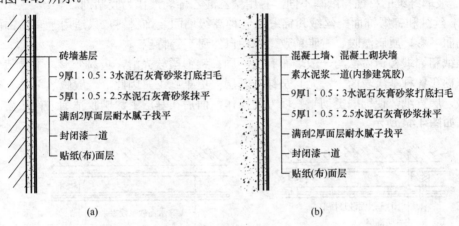

图 4.43　壁纸饰面构造(单位：mm)

(a) 砖墙；(b) 混凝土

(1) 基层处理。为使基层平整、有一定强度，可先刮腻子，用砂纸磨平、光洁、干净，然后对基层表面满刷清漆一遍后进行封闭处理，以避免基层吸水过快。对于吸水率较大的基层，需做两遍封底处理。

(2) 润纸。润纸是先湿润裱糊壁纸，主要是针对纸胎的塑料壁纸。对于玻璃纤维基材及无纺贴墙布类裱糊材料，因遇水无伸缩，故无须进行湿润，而复合纸质壁纸则严禁进行润水处理。

(3) 裱糊、粘贴。应采用专用壁纸胶裱贴壁纸。

🔗 知识链接

带背胶的壁纸，应在水槽中浸泡数分钟再进行裱糊。纺织纤维壁纸不能在水中浸泡，可先用湿布在其背面稍作揩拭，然后即进行裱糊操作。

壁纸的裱贴工艺有搭接法及拼接法等。对于无图案的壁纸，可采用搭接法裱糊；对于有图案的壁纸，为保证图案的完整性和连续性，宜采用拼接法裱糊。裱贴时应注意保持纸面平整。金属壁纸薄而质脆，裱贴施工时要格外注意。

2) 墙布饰面构造

墙布饰面包括无纺墙布、玻璃纤维墙布和装饰墙布，以及丝绒和锦缎。

墙布可直接粘贴在抹灰等壁纸适宜的各种基面上，其裱糊的方法与纸基墙纸大体相同，但由于壁布的材性与纸基的壁纸不同，裱糊时应注意以下几个问题：

(1) 无纺墙布、玻璃纤维墙布和装饰墙布可直接粘贴在墙面的抹灰层上。其裱糊方法大体与纸基墙纸相同。但由于墙布的材性与纸基不同，裱糊方法主要有以下几点不同。

① 无纺贴墙布和玻璃纤维贴墙布的盖底力稍差。当基层表面颜色较深时，应满刮石膏腻子，或在胶粘剂中掺入 10%白色涂料(如白色乳胶漆)。相邻部位的基层颜色较深时，更应注意颜色一致的处理，以免裱糊后色泽有差异，影响装饰效果。

② 玻璃纤维基材无吸水膨胀的特点，墙布无须预先湿水，墙布背面不要刷胶粘剂，可直接在基层上刷胶裱糊。

③ 玻璃纤维的材性与纸基不同，宜用聚乙酸乙烯乳液作为胶粘剂。

(2) 丝绒和锦缎饰面。丝绒和锦缎是一种高级墙面装饰材料，只适用于室内饰面。它具有绚丽多彩、质感温暖、古雅精致、色泽自然逼真等特点。

丝绒和锦缎构造做法与一般墙布有所不同。锦缎柔软光滑，极易变形，不易裁剪，故很难裱糊在各种基层表面上，尤其是抹灰基层，更难施工。因此，一般做法都是先在锦缎背面裱一层宣纸，使锦缎挺韧平整以方便操作，而后在基层上涂刷胶粘剂进行裱糊。其构造做法如图 4.44 所示。

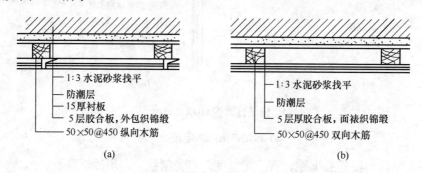

图 4.44 锦缎饰面构造(单位：mm)

(a) 分块式；(b) 整体式

4.5.2 软包饰面

软包饰面是以纺织物、皮革及人造革等与海绵复合而成的软包布饰面面层粘贴、固定在墙体基面上的装饰做法。由于可用作软包布的纺织物品种很多，所以软包饰面绚丽多彩，或古朴典雅或高贵华丽，可以满足不同场合的装饰需求。软包布背面复合的海绵可厚可薄，这就使软包饰面具有了不同的装饰效果，可根据装饰需要进行选择。

1. 软包饰面的构造

软包饰面需根据所装饰房间墙面的尺寸进行分格设计，常用正向或斜向拼制，如图 4.45 所示。

软包的构造做法与木护墙相似，一般由骨架、木基层和软包层等组成。应先进行墙面的防潮处理，抹 20mm 厚 1∶3 水泥砂浆，涂刷防水涂料或做防潮层；然后固定木龙骨架，一般木龙骨断面尺寸为(20～50)mm×(40～50)mm，龙骨间距一般为 400～600mm；在龙骨架上钉五合板以上胶合板衬底；最后将软包布用胶粘剂粘贴在衬板上，并用木装饰线条或金属装饰线条沿木边框周边固定。软包饰面的构造如图 4.46 所示。

2. 软包饰面的固定方法

软包面层常见的做法有两种：一是固定式软包，二是活动式软包。固定式做法也有两

种：一种方法是采用暗钉将软包固定在骨架上，最后用电化铝帽头钉按划分的分格尺寸在每一分块的四角钉入固定；另一种方法是木装饰线条或金属装饰线条沿分格线位置固定。活动式做法是分件(块)采用胶合板衬板及软质填充材料分别包覆制作成单体，然后卡嵌于装饰线脚之间。皮革或人造革饰面的软包构造如图 4.47 所示。

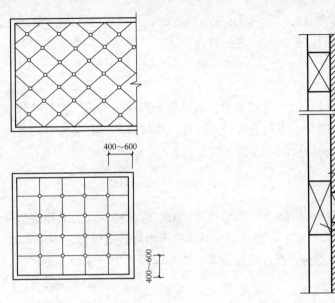

图 4.45 软包的设计样式

图 4.46 软包构造

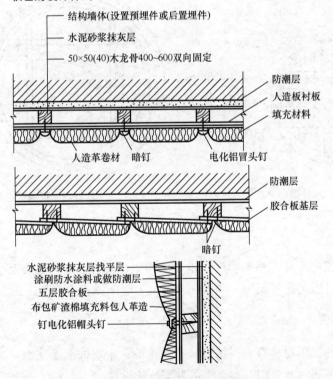

图 4.47 皮革或人小造革饰面构造(单位：mm)

4.6　柱面饰面构造

　　柱在室内所处的位置常常引人注目，因此柱面的装饰装修已成为室内装饰的重点部位。柱面装饰装修与墙面基本相同，但仍有一定的特殊性。

4.6.1　柱饰面基本构造

　　在实际工程中，柱饰面经常由于造型要求，需对原结构柱装饰成一定尺寸和形状的造型柱，通常柱造型以圆柱包圆柱、方柱包方柱、方柱改圆柱居多。其装饰构造基本要求主要为三个方面：骨架成型、基层板固定及饰面板安装。

　　1. 骨架成型

　　首先应制作包柱骨架，然后拼装成所需形状。骨架结构材料一般为木和钢两种。木结构骨架一般采用 40mm×40mm 方木，通过用木螺丝或榫槽连接成框体，如图 4.48 所示；铁骨架通常采用∠50×50 的角钢，通过焊接或螺栓连接而成，如图 4.49 所示。

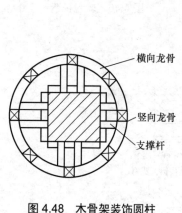

图 4.48　木骨架装饰圆柱

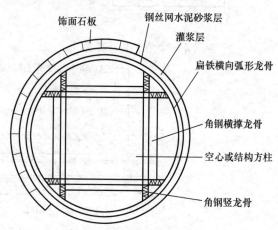

图 4.49　钢骨架装饰圆柱

　　2. 基层板固定

　　基层板主要作用是便于粘贴面层，以增加柱体骨架的刚度。基层板一般采用胶合板，直接用铁钉或螺钉固定在骨架上，围贴在木骨架上时应先在木骨架上刷胶液，再钉牢。

　　3. 饰面板安装

　　造型柱常用的饰面材料有石材饰面、金属饰面、木质饰面板饰面、防火板饰面及复合铝塑板饰面等。下面主要介绍几种典型的柱面装饰做法。

4.6.2 几种典型柱面装饰

室内柱子无论原来是何种形状，其饰面的构造做法一般先用龙骨将柱子进行造型再做饰面。龙骨的材料有方木龙骨和钢制作龙骨，如图4.50～图4.53所示。

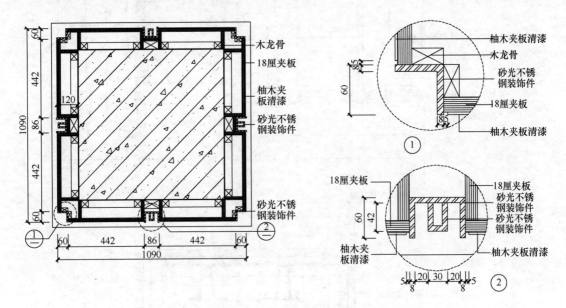

图4.50 木骨架及木饰面柱构造(单位：mm)

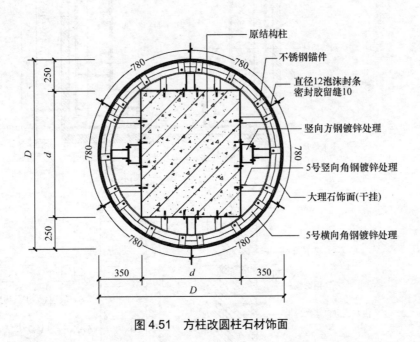

图4.51 方柱改圆柱石材饰面

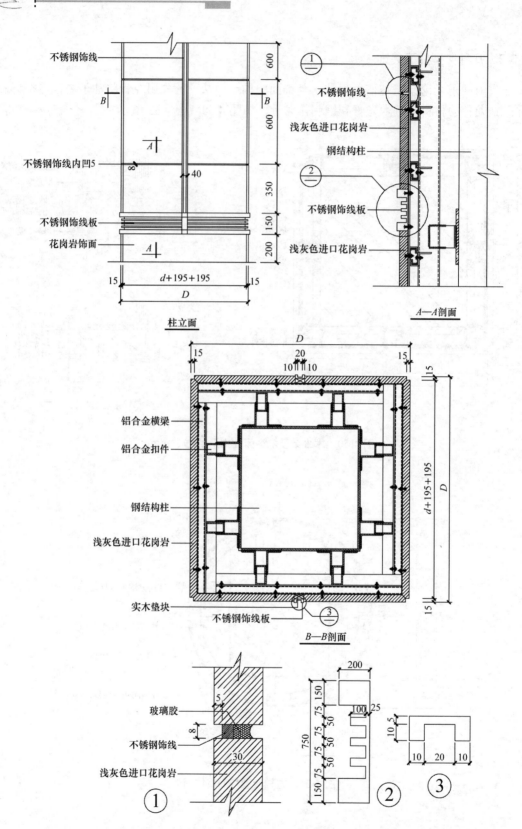

不锈钢饰线

600

B
600
B

不锈钢饰线内凹5
40
350

不锈钢饰线板
150

花岗岩饰面
200

15 $d+195+195$ 15
D

柱立面

① 不锈钢饰线
浅灰色进口花岗岩
钢结构柱
② 不锈钢饰线板
浅灰色进口花岗岩

$A—A$剖面

D
15 20 15
10 10

铝合金横梁
铝合金扣件
钢结构柱
浅灰色进口花岗岩

$d+195+195$
D

实木垫块
不锈钢饰线板 ③

$B—B$剖面

玻璃胶
5
8
不锈钢饰线
30
浅灰色进口花岗岩

①

200
150 150
75 75
75 75
50 50
750
75 75 100 25
50 50
75 75
50 50
150 75

②

10 5

10 20 10

③

图 4.52　钢柱石材饰面柱构造

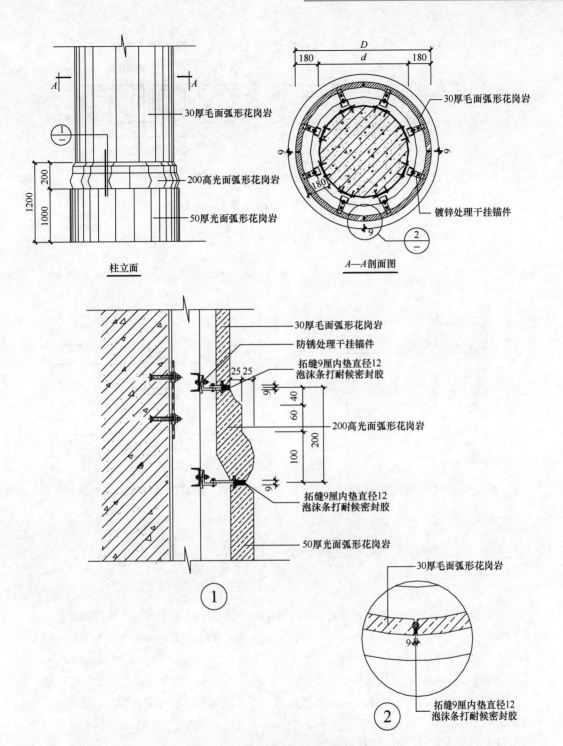

柱立面

A—A剖面图

图 4.53　石材圆柱及柱脚装饰构造

4.6.3　金属饰面板安装收口处理

柱采用金属饰面板安装时有直接卡口式和嵌槽压口式两种对口处理方法。构造处理如图 4.54、图 4.55 所示。

采用钉接方式时，应将金属板两端的折边通过螺钉与骨架连接，如图 4.56 所示。

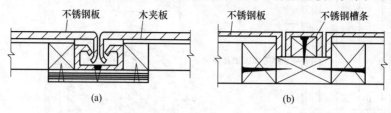

图 4.54　圆柱胶粘方式收口构造

(a) 直接卡口式；(b) 嵌槽压口式

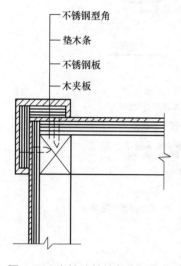

图 4.55　方柱胶粘转角收口构造

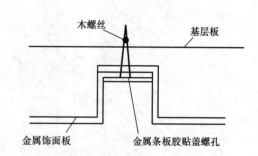

图 4.56　钉接式收口构造

课 题 小 结

　　墙面是室内外空间重要的侧界面，墙面装饰对空间环境效果影响很大。墙面装饰的基本功能是保护墙体、改善墙体的物理性能，美化室内外环境并更好地满足使用要求。墙面饰面类型按材料和施工方法的不同，可分为抹灰类饰面、涂刷类饰面、饰面砖(板)类饰面、罩面板类饰面、卷材类饰面及柱面饰面构造。

　　抹灰类饰面装饰的构造组成包括底层抹灰、中层抹灰和面层抹灰。根据面层材料及施工工艺的不同分为一般抹灰和装饰抹灰。外墙抹灰为保证施工质量、便于操作和维修要分层分块进行施工。

　　涂刷类饰面的最大优点是色彩丰富、效果多样、便于更新、费用经济。在外墙装修中适用于年降雨量较低的地区。

　　饰面砖(板)类饰面中各种人造面砖类材料一般均采用砂浆粘贴法；较厚的石材类材料多采用挂贴构造，包括湿挂法和干挂法。

罩面板类饰面一般先在基层装龙骨再做饰面面层，同时注意防潮。

卷材类饰面包括壁纸、壁布的裱糊构造、软包装饰构造做法等。

柱面饰面的装饰装修构造与墙面基本相同，但应注意掌握造型柱的装饰构造方法。

思考与练习

一、填空题

1. 墙面装饰分为_____装饰和_____装饰，不同的墙面有着不同的装饰效果和功能。

2. 根据施工部位的不同，墙面抹灰可分为_____抹灰和_____抹灰。根据面层材料及施工工艺的不同，墙面抹灰可分为_____抹灰和_____抹灰。

3. 抹灰类饰面其构造层次一般是由_____抹灰、_____抹灰和_____抹灰三部分组成。

4. 抹灰类饰面中_____抹灰主要是对墙体基层的表面处理，其作用是保证饰面层与基层_____和_____。

5. 建筑涂料主要由_____、_____和_____三部分组成。

6. 涂饰类饰面的涂层构造，一般可分为_____、_____和_____。

7. 饰面砖(板)类饰面是指将_____、_____等材料通过相应的构造粘贴或安装在墙、柱体基层上的装饰方法。按装饰材料及施工方法的不同，饰面砖(板)类墙柱面装饰可分为_____和_____。

8. 外墙面砖的排列形式主要是_____和_____。面砖的排列形式多种多样。砖缝主要有_____、_____两种形式。不同的排列组合，能获得不同的艺术效果。

9. 在石材饰面板装饰中，_____石材一般采取粘贴的方法。其构造基本与饰面砖装饰构造相同。_____石材一般采取安装的方法。安装方法按工艺和构造的不同，又可分为_____和_____。

10. 镶板类墙柱面是指将木与木制品、竹与竹制品、金属薄板、玻璃板、塑料板等饰面板，通过镶、_____、拼、_____、_____等方法构造而成的墙、柱装饰面层。

11. 罩面板类饰面中板与板的拼接构造，按拼缝的处理方法可分为_____、高低缝、_____、_____、_____等方式。

12. 铝合金饰面板构造连接方式通常有两种：一是_____，将铝合金板块用螺栓_____在型钢上，因其耐久性好，常用于外墙饰面工程；二是利用铝合金板材_____、_____、冲压成型的特点，做成各种形状，然后将其_____在特制的龙骨上。

13. 固定玻璃的方法主要有四种：一是_____；二是嵌钉固定法；三是_____；四是_____。

14．壁纸按外观装饰效果分为_____壁纸、_____壁纸、_____壁纸等；按施工方法分，有现场刷胶裱糊、背面预涂压胶直接铺贴类；按使用功能分为_____壁纸、耐水壁纸、_____壁纸。

15．润纸是先湿润裱糊壁纸，主要是针对_____壁纸。对于_____及_____，因遇水无伸缩，故无须进行湿润。

16．软包面层常见的做法有两种：一是_____软包，二是_____软包。其中，_____做法又有两种：一种方法是采用暗钉将软包固定在骨架上；另一种方法是木装饰线条或金属装饰线条沿分格线位置固定。

17．在实际工程中，柱面饰面装饰构造基本要求主要为三个方面：_____、基层板固定、_____安装。

18．石材柱面的装饰是利用花岗石或大理石等石材饰面板来进行。其饰面的构造做法主要有_____、_____、_____ 三种方式。

二、判断题

1．抹灰类饰面为了避免出现裂缝，保证抹灰层牢固和表面平整，施工时不能分层操作。
（　　）

2．抹灰类饰面中，中间抹灰层是保证装饰质量的关键层，主要作用是找平与黏结，还可以弥补底层砂浆的干缩裂缝。
（　　）

3．高级抹灰是由一层底灰、一层中层和一层面层组成的。总厚度一般为 25mm。
（　　）

4．罩面板类饰面一般由龙骨和装饰面板(有的情况由龙骨、安装底板和装饰面板)组成。
（　　）

5．以铝塑板装饰墙、柱面时，接缝一般应留设在墙、柱面阳角处玻璃的安装。
（　　）

6．在壁纸饰面中，一般将壁纸分为普通壁纸、发泡壁纸和特种壁纸三类。（　　）

7．润纸是先湿润裱糊壁纸，复合纸质壁纸则严禁进行润水处理。（　　）

8．金属饰面板安装收口处理，采用胶粘方式安装时有直接卡口式和嵌槽压口式两种对口处理方法。
（　　）

三、简答题

1．墙面装饰按所使用的装饰材料、构造方法和装饰效果的不同划分为哪些类型？
2．墙面抹灰通常由哪几层组成？它们的作用和厚度是怎样的？
3．简述一般饰面抹灰类构造做法。
4．装饰抹灰中水刷石与干粘石饰面有何区别？
5．涂料类饰面有哪些类型？
6．石材的装饰构造方法有几种？试述其构造方法。
7．镶板类装饰方法常用于哪几种材料？有哪几种构造层次？
8．简述常用卷材类饰面的种类和特点。

技能实训

【实训课题一】墙面装饰构造设计之一。

1. 实训项目

某宾馆标准客房平面图如图 4.57 所示,方案设计确定(1)卫生间墙面采用 300mm×400mm 乳白色瓷砖饰面(可考虑增设腰线装饰线等);(2)标准间客房墙面装修为墙纸饰面。

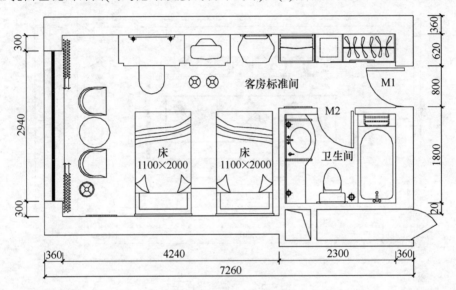

图 4.57 客房平面布置

2. 实训目的

通过项目实训,能够根据环境特征和功能合理选择墙面装饰类型,并能进行饰面砖墙面、墙布(墙纸)等装饰施工图及装饰构造图的绘制。

3. 实训内容及要求

根据宾馆客房及卫生间墙面初步设计,完成下列内容设计,要求达到施工图深度。
(1) 调查当地建筑材料市场壁纸、壁布、墙面砖(板)种类、规格和样式,收集素材。
(2) 选择当地某宾馆、酒店标准客房,参观标准客房、卫生间墙面饰面。
(3) 完成图 4.57 所示宾馆标准间客房、卫生间墙面装饰立面图及构造详图设计。
(4) 墙面装饰设计图及装饰构造图以 A3 图纸绘制,比例自定。
(5) 设计图纸完整,符合国家相关制图标准。

4. 实训小结

本实训主要要求掌握宾馆客房墙布(墙纸)饰面及卫生间墙面砖饰面的构造设计,要求设计图纸规范，深度达到装饰施工图要求，同时，对不同材料之间相交处的细部构造表达清楚。

【实训课题二】墙面装饰装修设计之二。

1. 实训项目

(1) 某会议室平面图、Ⓐ立面、Ⓑ立面墙面采用罩面板等饰面，其造型设计和材料如图 4.58、图 4.59 所示。

(2) 任课教师也可以结合学校情况，另外选择其他项目进行。

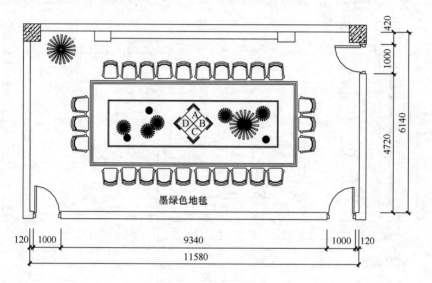

图 4.58 会议室平面图

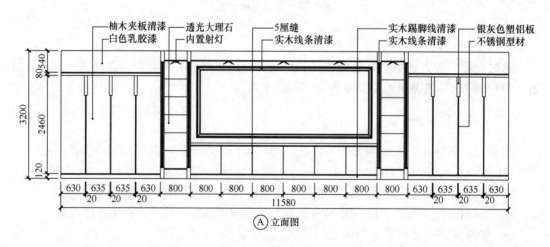

图 4.59 会议室立面图

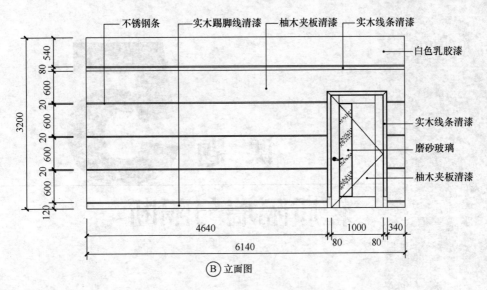

图 4.59　会议室立面图（续）

2. 实训目的

(1) 根据给定的内墙立面图，绘制罩面板饰面装饰剖面图及构造详图。

(2) 能根据给定墙面立面图，结合所处环境和室内设计的协调性，对其他墙立面进行装饰设计并绘制出构造节点详图。

3. 实训内容及要求

完成会议室墙面装饰施工图设计及装饰构造设计。以 A3 图纸绘制，比例自定。要求达到施工图深度，符合现行制图标准。

(1) 完成 A 立面、B 立面图中木质饰面的剖面图及构造节点详图，并标注各分层构造及具体构造做法。

(2) 对会议室 C、D 墙面进行装饰立面图及构造详图设计，并绘制施工图。

(3) 绘制立面图上装饰线的节点详图。

(4) 绘制立面图上透明大理石墙面装饰的构造详图。

(5) 绘制立面图上不同材料相交处的节点详图。

(6) 本项目可以分小组进行，相互交流，共同完成。

4. 实训小结

(1) 本实训主要要求掌握墙面饰面的构造设计，要求设计图纸规范，深度达到装饰施工图要求，同时，对不同材料之间相交处的细部构造表达清楚。

(2) 在完成实训工作以后，组织自评、互评等方式，进行最终评定。

(3) 展示设计成果，相互交流。

课 题 5

轻质隔墙与隔断

学习目标

    通过本课题的学习，熟悉轻质隔墙与隔断的类型及构造连接，掌握轻质隔墙及隔断的构造做法，能绘制其节点构造图；并具备灵活运用轻质隔墙与隔断相关知识的能力。

学习要求

知 识 要 点	能 力 目 标
(1) 隔墙和隔断装饰构造的要求 (2) 块材隔墙构造 (3) 骨架式隔墙构造 (4) 板材式及玻璃式隔墙构造	(1) 熟悉块材式隔墙构造 (2) 掌握骨架式隔墙构造及细部处理 (3) 了解板材式及玻璃隔墙构造
(1) 隔断的类型 (2) 隔断的构造(屏风式隔断、玻璃隔断、移动式隔断、通透花格式及家具式隔断)	(1) 熟悉隔断的类型 (2) 掌握隔断(屏风式隔断、玻璃隔断、移动式隔断)的构造

 **导入案例**

　　某企业为便于开展业务，租赁一写字楼公共建筑设置分支机构，根据使用功能需求，其空间布置如图 5.1 所示。为了满足这些使用功能需求，其空间分格的隔墙隔段都有哪些形式？这些隔墙隔断装饰构造又是如何来实现的呢？

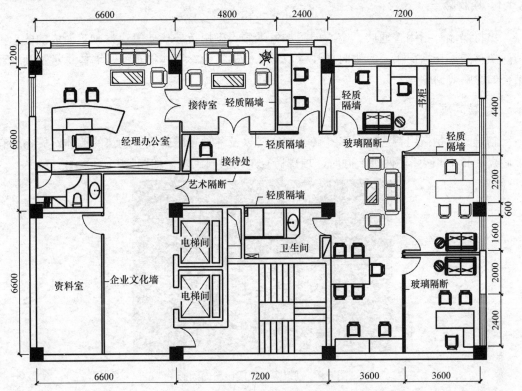

图 5.1　某商务写字楼空间布置图示

　　隔墙和隔断都是用来划分空间的构件，两者所不同的隔墙将所划分的空间完全封闭，注重的是封闭功能；隔断限定空间而又不使被限定的空间之间完全割裂，是一种非纯功能性构件，而不是实的墙，隔断更注重的是装饰效果。

　　隔墙和隔断装饰构造的要求如下。

(1) 质量轻，有利于减轻楼盖的负荷。

(2) 具有一定的强度、刚度和良好的稳定性，以保证安全正常使用。

(3) 墙体薄，可增加建筑的有效使用空间。

(4) 隔声性能好，使各使用房间互不干扰。

(5) 对一些特殊部位的隔墙(如厨房、卫生间)，还应具有防火、防水和防潮等能力。

(6) 便于移动、拆卸，能随使用功能的改变而变化，且拆除时又不损坏其他构配件。

5.1 轻质隔墙构造

隔墙按构造方式分为块材隔墙、骨架式隔墙、玻璃式隔墙和板材隔墙等。

5.1.1 块材隔墙

块材隔墙是指用普通砖、空心砖、加气混凝土砌块及玻璃砖等块材砌筑而成的非承重墙。块材隔墙构造简单，应用时要注意块材之间的结合、墙体稳定性、墙体重量及刚度对结构的影响等问题。

1. 砖隔墙

砌筑隔墙是指用普通砖、多孔砖、空心砖以及各种轻质砌块等砌筑的墙体。砖隔墙有半砖隔墙和 1/4 砖隔墙两种，同时，顶部砖宜采用斜向砌筑，如图 5.2 所示。

图 5.2 砌筑隔墙顶层砖斜向砌砖

砌筑砂浆的强度等级一般不低于 M2.5。当半砖隔墙的高度大于 3m，长度大于 5m 时，需采取加固措施，沿高度方向每隔 10～15 皮砖放 $\phi 6$ 钢筋 1～2 根，并使其与承重墙拉结。

2. 砌块隔墙

为了减轻隔墙自重，可采用较轻质的砌块砌筑隔墙，如加气混凝土砌块、水泥矿渣空心砖等。砌块隔墙厚度一般为 90～120mm。砌筑时应在墙下砌 3～5 皮普通砖。

3. 玻璃砖隔墙

玻璃砖隔墙具有较高的强度，外观整洁、美丽、光滑，易清洗，保温、隔声性能好，具有一定的透光性。因此，玻璃砖隔墙具有较好的装饰性。

玻璃砖规格有 190mm×190mm×80mm、240mm×240mm×80mm、240mm×115mm×80mm 等，侧面有凸槽，可采用水泥砂浆或结构胶，把单个的玻璃砖拼装到一起。其构造如图 5.3、图 5.4 所示。

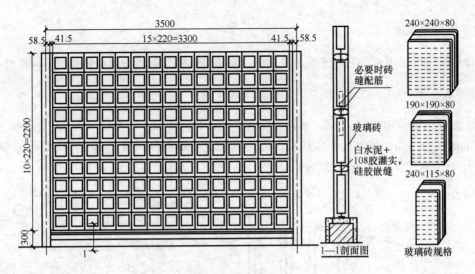

图 5.3 玻璃砖隔墙

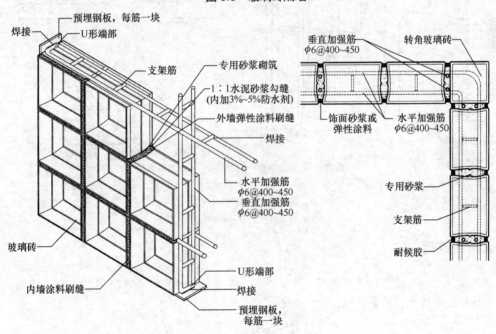

图 5.4 玻璃砖隔墙构造

知识链接

　　在砌筑玻璃砖隔墙时，一般将其砌筑在框架内，框架材料可以是木质的，但最好采用金属框架。隔墙底部先用普通黏土砖或混凝土做垫层，然后用 1∶2～1∶2.5 白色水泥砂浆砌筑玻璃砖，且上下左右每三块或每四块需要放置补强钢筋，尤其在纵向砖缝内一定要灌满水泥砂浆。曲面玻璃砖隔墙要根据玻璃砖的规格尺寸来限定最小曲率半径和块数，最小拼缝不宜小于3mm，最大拼缝不宜大于 16mm。玻璃砖隔墙面积不宜过大，高度宜控制在 4.5m 以下，长度不宜过长。

101

5.1.2 骨架式隔墙

骨架式隔墙又可称为立筋式隔墙或龙骨隔墙，是由木龙骨或金属龙骨及墙面材料组成的。

1. 木龙骨

木龙骨的骨架由上槛、下槛、墙筋及斜撑构成。木料截面视隔墙高度可为 50mm×70mm 或 50mm×100mm。墙筋间距应配合面板材料的规格确定，一般为 400～600mm，斜撑间距约 1.5m。木龙骨架隔墙构造如图 5.5 所示。

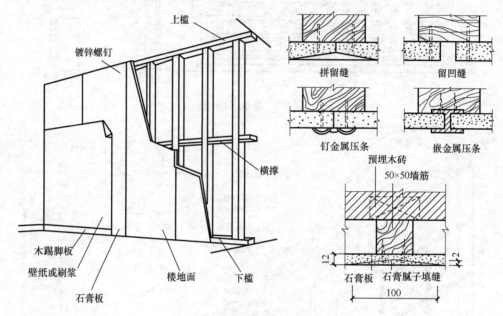

图 5.5　木龙骨架隔墙构造

📡 知识链接

木骨架与墙体及楼板应牢固连接，为了防水、防潮，隔墙下部宜砌 2～3 皮普通黏土砖，同时对木骨架应做防火、防腐处理。

2. 金属龙骨

金属龙骨一般采用薄壁型钢、铝合金、型钢或拉眼钢板制作，轻钢龙骨的截面形式一般有 T 形和 C 形两种，如图 5.6 所示。

金属龙骨隔墙的骨架一般由横向龙骨(沿顶龙骨、沿地龙骨)、竖向龙骨、通贯龙骨、横撑龙骨、加强龙骨和各种配套件组成，如图 5.7 所示。

安装固定沿顶、沿地龙骨构造做法一般是采用射钉或金属胀管螺栓，在沿地、沿顶龙骨布置固定好后，按面板的规格布置固定竖向龙骨，间距一般为 400～600mm。由于饰面板一般较薄，刚度较小，竖向龙骨之间可根据需要加设通贯龙骨等。轻钢龙骨隔墙的安装节点构造如图 5.8 所示。

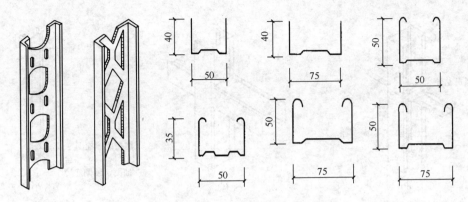

图 5.6　轻钢龙骨截面形式

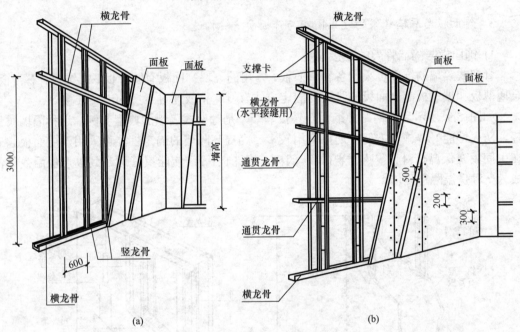

图 5.7　轻钢龙骨隔墙构造

(a) 无通贯龙骨体系；(b) 有通贯龙骨体系

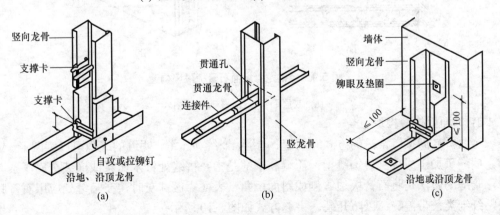

图 5.8　轻钢龙骨安装节点构造

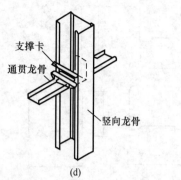
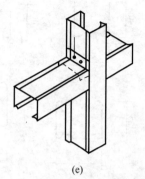
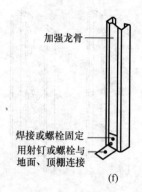

图 5.8 轻钢龙骨安装节点构造(续)

3. 饰面板与隔墙骨架的连接固定与饰板面拼缝构造

1) 饰面板与隔墙骨架的连接固定

骨架式隔墙的饰面可采用各种饰面板。常用的隔墙饰面板有胶合板、纤维板、石膏板、金属薄板和玻璃板等。面板与骨架的固定方式有钉、粘或通过专门的卡具连接等。

如图 5.9 所示为轻钢龙骨纸面石膏板隔墙,是骨架式隔墙的典型实例。这种隔墙质量轻,防火性能好,施工方便,所以应用较多。为提高隔墙的隔声性能可采用双层面板。若在中间填充保温材料、隔声材料(如玻璃棉、泡沫板)等,便能更好地起到隔声保温效果,成为一种保温隔声隔墙。

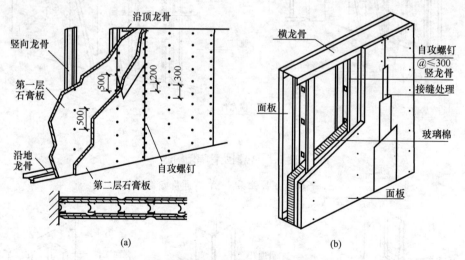

图 5.9 轻钢龙骨纸面石膏板隔墙构造

(a) 双层面板;(b) 有隔声要求

2) 饰面板拼缝构造

饰面板之间接缝常见的方式有明缝、暗缝、嵌缝和压缝。明缝的缝隙可以为凹形、V 形等,明缝可加工成各种装饰缝型;压缝和嵌缝是指在拼缝处钉木压条或嵌装金属压条。其中,暗缝的做法是将石膏板边缘刨成斜面倒角,表面需做抹灰时,在暗缝处应用石膏腻子加贴纤维类条带盖缝,以防开裂。拼缝方式如图 5.10 所示。

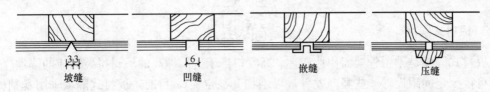

图 5.10　面板拼缝方式

坡缝　　　凹缝　　　嵌缝　　　压缝

5.1.3　玻璃隔墙

　　玻璃隔墙一般采用固定木框或铝合金型材，通过螺钉或卡件将玻璃材料固定成整体形成隔墙。玻璃隔墙的使用更加合理的利用了空间，满足各种居家和办公用途。玻璃隔墙通常采用钢化玻璃等安全玻璃。

　　玻璃隔墙根据玻璃材质的不同大致分为三种类型：单层玻璃隔墙、双层玻璃隔墙和艺术玻璃隔墙。下面以单层玻璃隔断为例说明其构造。

　　单层玻璃隔墙多采用玻璃与固定木框或铝合金型材拼装而成，最大的优点是安装速度快、施工操作简单方便、减少材料使用从而降低了工程造价。玻璃与铝合金材料之间常采用塑胶条连接，在保证玻璃安全性的同时使得单层玻璃隔墙的隔音效果得以提高。常见单层玻璃隔墙构造如图 5.11、图 5.12 所示。

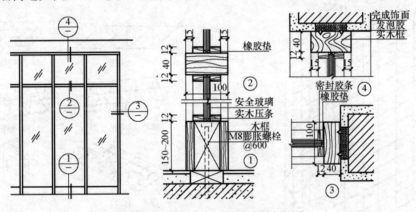

图 5.11　固定式木框架玻璃隔断构造

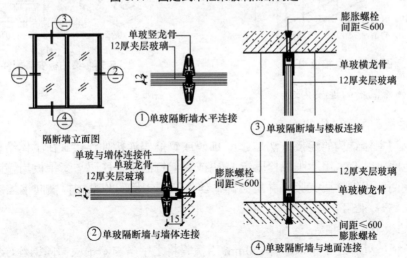

图 5.12　单层玻璃隔墙构造

5.1.4 板材式隔墙

板材式隔墙是不用骨架而用比较厚、高度相当于房间净高的板材拼装而成的隔墙(在必要时可按一定间距设置一些竖向龙骨,以增加其稳定性)。目前,板材式隔墙采用泰柏板、碳化石灰板、加气混凝土条板、纸面蜂窝板以及各种复合板等。以下主要介绍泰柏板隔墙的构造。

1. 泰柏板隔墙

泰柏板又称钢丝网聚苯乙烯板,是一种新型轻质的墙体材料,是由低碳冷拔镀锌钢丝焊接成三维空间网笼,两侧配以直径为 2mm 冷拔钢丝网片,钢丝网目 50mm×50mm,腹丝斜插过芯板焊接而成,中间填充 50mm 厚的阻燃聚苯乙烯泡沫塑料或岩棉板为板芯构成的轻质板材,然后在现场安装并双面抹灰或喷涂水泥砂浆而组成的复合墙体,泰柏板既有木结构的灵活性,易于裁剪和拼接,又有混凝土结构的高强耐久性,板内还可预设管线、门窗框,施工简单方便。泰柏板构造及主要安装配件如图 5.13、图 5.14 所示。

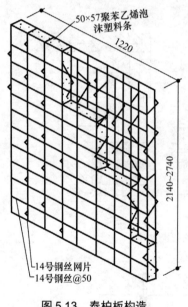

图 5.13 泰柏板构造

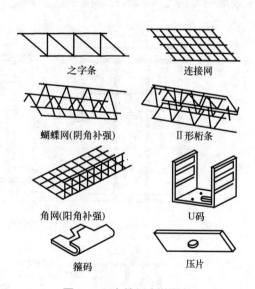

图 5.14 泰柏板安装配件

2. 泰柏板隔墙的连接构造

1) 泰柏板与主体结构的连接

泰柏板与主体结构的连接方法是通过 U 码或钢筋码连接件连接。在主体结构墙面、楼板顶面和地面上钻孔,用膨胀螺栓固定 U 码或用射钉固定,U 码与泰柏板用箍码连接;或者在泰柏板两侧用钢筋码夹紧,并用镀锌铁丝将两侧钢筋码与泰柏板横向钢丝绑扎牢固。构造如图 5.15~图 5.17 所示。

2) 泰柏板与板的连接

通常在板缝处补之字条,每隔 150mm 用箍码将之字条与泰柏板横向钢丝连接牢固,如图 5.18 所示。

3) 泰柏板隔墙转角、丁字墙构造

泰柏板隔墙转角、丁字墙构造如图 5.19、图 5.20 所示。

4) 泰柏板隔墙用于卫生间

泰柏板隔墙用于卫生间时，应做防水处理，如图 5.21 所示。

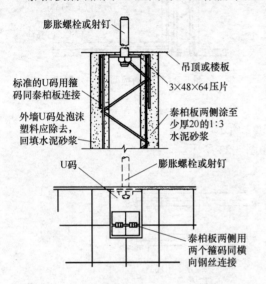

图 5.15　泰柏板墙与楼板或吊顶的连接

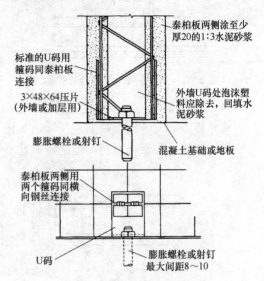

图 5.16　泰柏板墙与地面的连接

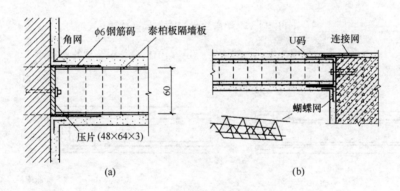

(a)　　　　　　　　　　　　　(b)

图 5.17　泰柏板墙与实体墙连接

(a) 丁字连接；(b) 转角连接

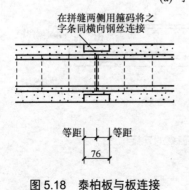

图 5.18　泰柏板与板连接

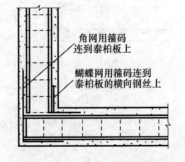

图 5.19　泰柏板隔墙转角构造

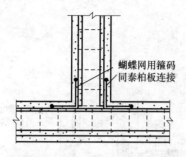

图 5.20　泰柏板隔墙丁字连接构造

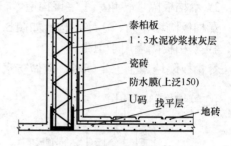

图 5.21　泰柏板隔墙防水构造

5) 泰柏板隔墙与门窗框连接构造

泰柏板隔墙与木门窗框的连接构造如图 5.22 所示。

泰柏板隔墙与铝合金门窗框的连接构造如图 5.23 所示。

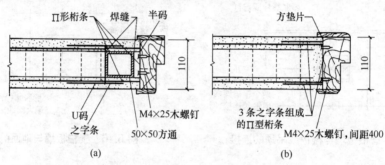

(a)　　　　　　　　　　　　　　　　(b)

图 5.22　泰柏板与木门窗框构造连接

(a) 泰柏板墙与木门框的连接；(b) 泰柏板墙与木窗框的连接

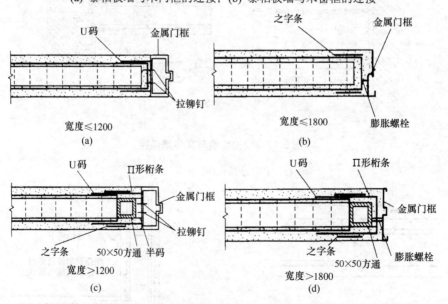

图 5.23　泰柏板隔墙与铝合金门窗框的连接构造

5.2 隔断构造

5.2.1 隔断的类型

隔断的基本作用主要是分隔室内空间，变化空间和遮挡视线。利用隔断分隔室内空间，能创造一种似隔非隔、似断非断、虚虚实实的景象，产生丰富的意境效果，增加室内空间的层次和深度，是住宅、办公室、旅馆、展览馆及餐厅等建筑装饰设计中常用的一种处理手法。

隔断的种类很多，按固定方式分为固定式隔断和移动式隔断；从限定程度上分为两类：一类是全分隔式隔断(折叠推拉式、镶板式、拼装式和软体折叠式或手风琴式)；另一类是半分隔式隔断(如空透式隔断、家具式隔断及屏风式隔断)，其中空透式隔断包括水泥制品隔断、竹木花格空透隔断、金属花格空透隔断、玻璃空透隔断、隔扇、屏风及博古架等。

目前，常见的隔断有屏风式隔断、通透式隔断、玻璃隔断、移动式隔断及家具式隔断等。隔断常见形式如图 5.24 所示。

图 5.24 常见隔断形式

5.2.2 隔断的构造

1. 屏风式隔断

屏风式隔断通常是不到顶的一种隔断形式，其空间的通透性较强。在一定程度上起着分隔空间和遮挡视线的作用，形成大空间中的小空间。常用于办公室、餐厅、展览馆以及医院的诊室等公共建筑中。另外，厕所、淋浴间等也多采用此种形式进行分隔。

屏风式隔断的安装固定式做法有立筋骨架式和预制板式。预制板式隔断借预埋铁件与周围结构墙体、楼(地)层固定；立筋骨架式隔断则与骨架隔墙相似，可以在骨架两侧铺钉面板，也可以镶嵌玻璃。玻璃可以采用磨砂玻璃、彩色玻璃及棱花玻璃等。屏风式隔断的高度一般在 1050～1800mm 之间，必要时也可以做得更高些，可根据不同使用要求进行确定，如图 5.25 所示。

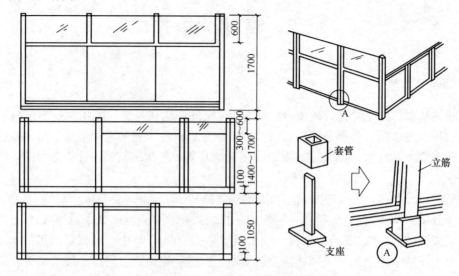

图 5.25　固定式屏风式隔断

2. 玻璃隔断

　　玻璃隔断光洁明亮，具有一定的透光性，可选用彩色绘画玻璃、雕刻玻璃及仿镶嵌玻璃等艺术玻璃，也可用平板玻璃、磨砂玻璃、银光玻璃及套色刻花玻璃等。玻璃隔断配以木框、金属框或磨边直接安装形成隔断，其特点是空透、明快，而且在光的作用下色彩有变化，可增强装饰效果，如图 5.26 所示。

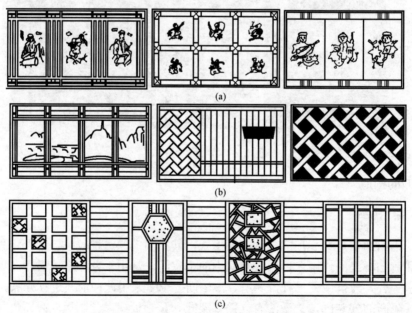

图 5.26　玻璃隔断样式

(a) 刻花、夹花玻璃隔断花格样式；(b) 彩色花纹玻璃隔断花格样式；
(c) 磨砂玻璃组合花格玻璃样式

玻璃隔断按框架的材质不同有带裙板玻璃木隔断、落地玻璃木隔断、铝合金框架玻璃隔断及不锈钢圆柱框玻璃隔断。

1) 带裙板玻璃木隔断

带裙板玻璃木隔断是由上部的玻璃和下部的木墙裙组合而成的。其构造做法如图 5.27 所示。玻璃可选择平板玻璃、夹层玻璃、磨砂玻璃、压花玻璃及彩色玻璃等。

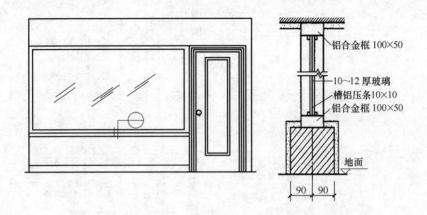

图 5.27　带裙板玻璃隔断构造(单位：mm)

2) 落地玻璃木隔断

直接在隔断的相应位置安装竖向木骨架，并与墙、柱及楼板连接，然后固定上、下槛，最后固定玻璃。对于大面积玻璃板，玻璃放入木框后，应在木框的上部和侧边留 3mm 左右的缝隙，以免玻璃受热开裂，如图 5.28 所示。

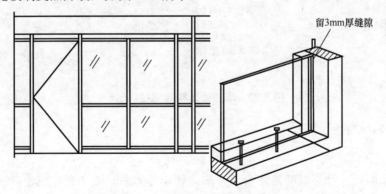

图 5.28　落地玻璃隔断构造

 应用案例

某酒店豪华包间，装饰设计将空间分为用餐和服务两个空间，其间使用玻璃隔断，其装饰构造设计如图 5.29 所示。

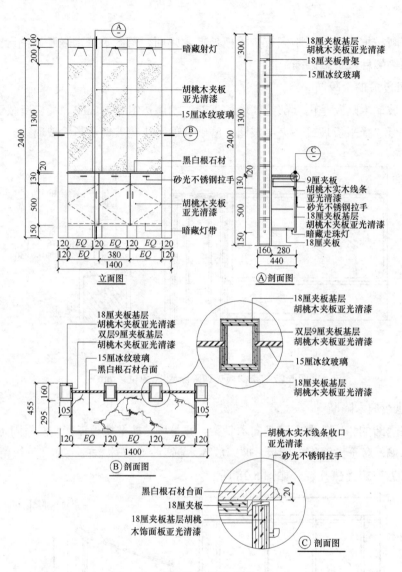

图 5.29 隔断构造实例(单位：mm)

3. 移动式隔断

1) 移动式隔断形式

移动式隔断是一种可以随意闭合、开启，使相邻的空间随之变化成各自独立或合而为一的空间的一种隔断形式，具有使用灵活、多变的特点。移动式隔断可以分为拼装式、推拉式、折叠式、悬吊式、卷帘式和起落式等多种形式，其中以推拉式使用最为普遍，如图 5.30所示为常见推拉式隔断的启闭形式。多用于宾馆饭店的餐厅、宴会厅、会议中心、展览中心的会议室和活动室等。

2) 移动式隔断构造

(1) 推拉式活动隔断构造。

推拉式活动隔断主要有隔扇、滑轮和导轨等几部分组成。滑轮部分包括滑轮和吊装架(一般选用成品)。隔扇可以是独立的，也可以用铰链连接起来。

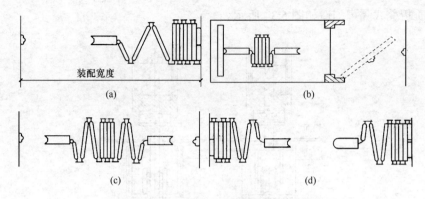

图 5.30　推拉式隔断的启闭形式

(a) 单向推拉式；(b) 单向推拉内藏式；

(c) 双向推拉(两侧移动)式；(d) 双向推拉(两侧固定)式

根据滑轮与导轨的设置不同，推拉式活动隔断又可分为悬吊导向式和支撑导向式两种。

悬吊导向式是在隔扇顶面上设置滑轮，并与上部悬吊的导轨连接，从而形成隔断上部支撑点，使隔扇重量由滑轮和导轨承担，并传递给上部主体结构。导轨一般是用槽钢、吊杆等悬吊在主体结构顶面上，滑轮是通过门吊铁与隔扇顶面连接，一般安装在隔断扇顶面中心点上。为确保隔扇在推拉时不偏离、不倾斜，可以在隔扇下端楼地面上设置一条轨道或两侧设置橡胶密封刷，如图 5.31、图 5.32 所示。

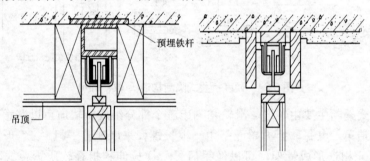

图 5.31　悬吊导向式隔断构造

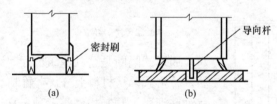

图 5.32　悬吊导向式隔断下部装置

(a) 不设下导轨；(b) 设下导轨

支撑导向式是将滑轮安装在隔扇底面上，并与楼地面上设置的轨道连接，从而构成隔断下部支撑点，以支撑隔扇重量并使隔扇沿轨道滑动，如图 5.33 所示。

(2) 折叠式隔断构造。

折叠式隔断有单向和双向两种形式。按隔扇材料可分为硬质折叠式隔扇和软质折叠式隔扇。硬质折叠式隔扇构造如图 5.34 所示。

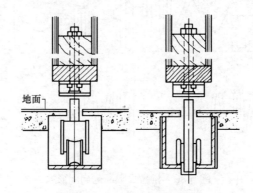

图 5.33 支撑导向式隔断构造

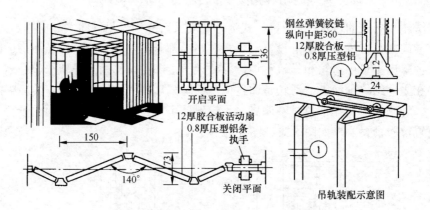

图 5.34 硬度折叠式隔断构造(单位：mm)

软体折叠式隔断主要由轨道、滑轮和隔扇三个部分组成。轨道可以顺意弯曲，面层可采用帆布或人造革。其每一折叠单元是由一根长螺杆来串连若干组"X"形的弹簧钢片铰链与相邻的单元相连形成骨架，可以像手风琴一样拉伸和折叠软质折叠式隔扇构造，如图 5.35 所示。

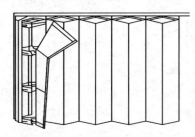

图 5.35 软质折叠式隔断构造

4. 通透式隔断

通透式隔断是公共建筑门厅、客厅等处分隔空间常用的一种形式。从材料上分，有竹制、木制、金属制品，也有钢筋混凝土预制构件等多种多样，可以到顶也可以不到顶，如图 5.36、图 5.37 所示。通透式隔断与周围结构墙体以及上、下楼(地)层的连接固定，根据隔断材料的不同可以采用钉、粘及预埋件焊接等方式进行。

5. 家具式隔断

家具式隔断是利用各种适用的室内家具来分隔空间的一种设计处理方式。这种处理方式把室内空间分隔与功能使用以及家具配套巧妙地结合起来，既节约费用又节省面积；既提高了空间组合的灵活性，又使家具布置与空间相协调。故其多用于住宅的室内设计以及办公室的分隔等。如住宅中门厅与起居室用鞋柜分隔，餐厅与厨房用矮柜分隔，书房与客厅用书柜分隔等。

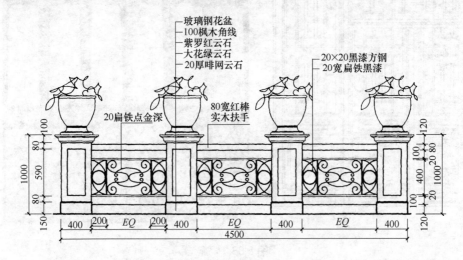

图 5.36 通透式隔断(样式一)

图 5.37 通透式隔断(样式二)

📀▶知识链接

中国传统建筑装饰中的隔断类型有隔扇、罩、博古架等。

1. 隔扇

隔扇又称碧纱橱，一般用硬木精工制作，隔芯可以裱糊纱、纸，裙板可雕刻成各种图案或以玉石、贝壳等作装饰，具有较强的装饰性，如图 5.38 所示。

2. 罩

罩是一种附着于梁、柱的空间分割物，常用细木制作。两侧落地称为"落地罩"，两侧不落地称为"飞罩"，如图 5.39 所示。用罩分隔空间，能够增加空间的层次，构成一种有分有合、似分似合的空间环境。

3．博古架

博古架是一种陈放各种古玩和器皿的架子，其分格形式和精巧的做工又具有装饰价值。

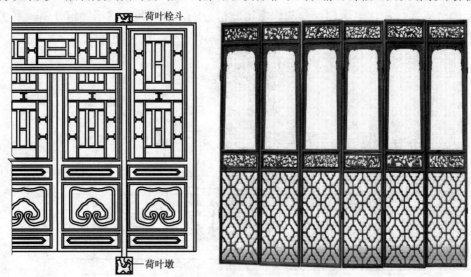

图 5.38　隔扇

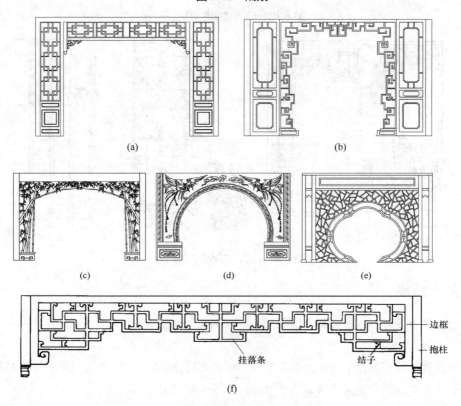

图 5.39　罩的形式

(a) 套方隔扇腿横眉落地罩；(b) 硬拐纹落地罩；(c) 竹林落地罩；
(d) 凤双翔半月洞落地罩；(e) 冰纹海棠洞式落地罩；(f) 飞罩

课 题 小 结

　　本课题主要对轻质隔墙与隔断两个方面的构造内容进行介绍。隔墙有三种类型：块材隔墙，包括砖隔墙、砌块隔墙、玻璃砖隔墙；骨架式隔墙，是由内部龙骨和面板共同组成的，常用龙骨有木龙骨、轻钢龙骨；板材式隔墙，有泰柏板、碳化石灰板、纸面蜂窝板以及各种复合板等。泰柏板隔墙其主要连接构造：①泰柏板与主体结构的连接；②泰柏板与板的连接；③泰柏板隔墙转角、丁字墙构造；④泰柏板隔墙用于卫生间；⑤泰柏板隔墙与门窗框连接构造。

　　在现代装饰工程中，隔断是经常采用的手法，其既能够有效地分隔空间又有很好的装饰效果。隔断有屏风式隔断、透空式隔断、玻璃隔断、移动式隔断及家具式隔断等形式。

思考与练习

一、填空题

1. 隔墙按构造方式分为_____、_____和_____等。

2. 骨架式隔墙又可称为_____，是由_____或_____及墙面材料组成的。

3. 玻璃隔墙根据玻璃材质的不同大致分为三种类型：单层玻璃隔墙、_____和_____隔墙。

4. 金属龙骨隔墙的骨架一般由_____、_____、竖向龙骨、横撑龙骨、加强龙骨和_____组成。

5. 饰面板之间接缝常见的方式有_____、_____、嵌缝和压缝。_____的缝隙可以是凹形、V 形等，_____可加工成各种装饰缝型。

6. 板材式隔墙不用骨架，目前板材式隔墙常采用_____、_____、加气混凝土条板、_____以及各种复合板等。

7. 目前，常见的隔断主要有_____、通透式隔断、_____、移动式隔断以及_____等。

8. 玻璃隔断光洁明亮，具有一定的_____，可选用彩色绘画玻璃、雕刻玻璃、仿镶嵌玻璃等_____玻璃，也可用平板玻璃、磨砂玻璃、银光玻璃及套色刻花玻璃等。

9. 移动式隔断可以分为拼装式、_____、折叠式、_____、卷帘式和起落式等多种形式，其中以_____使用最为普遍。

二、判断题

1. 隔断的基本作用主要是装饰室内空间，变化空间和遮挡视线。　　　　　　（　　）

2. 隔墙和隔断都是用来划分空间的构件。隔断限定空间而又不使被限定的空间之间完全割裂，是一种非纯功能性构件。　　　　　　　　　　　　　　　　　　　（　　）

3. 玻璃隔断的特点是空透、明快，而且在光的作用下色彩有变化，可增强装饰效果。

（　　）

4. 推拉式活动隔断主要有隔扇、滑轮和导轨等几部分组成。滑轮部分包括滑轮和吊装架(一般选用成品)。隔扇可以是独立的，也可以用铰链连接起来。（　　）

5. 通透式隔断是利用各种适用的室内家具来分隔空间的一种设计处理方式。（　　）

三、简答题

1. 隔墙和隔断装饰构造的要求有哪些？

2. 玻璃砖隔墙有哪些特点？砌筑时有何要求？

3. 轻钢龙骨隔墙主要由哪些构件组成？轻钢龙骨隔墙的安装构造节点如何？

4. 什么是板材隔墙？泰柏板隔墙的构造主要有哪些？

5. 隔断有几种形式？各适用于什么空间？

技 能 实 训

1. 实训项目

某公司业务发展需求，租用一大空间公共建筑设置分支机构，如图 5.40 所示。试完成空间分隔中的隔墙、隔断设计。

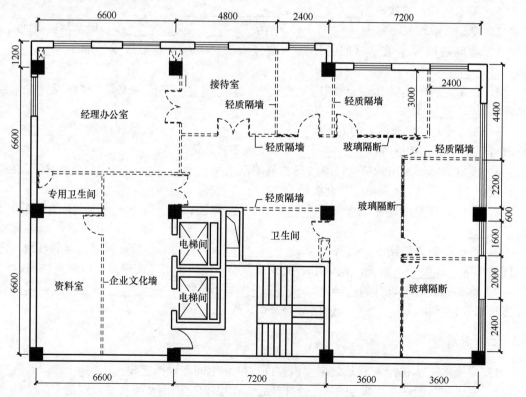

图 5.40 空间分隔布置平面图

2. 实训目的

(1) 掌握隔断的应用特点和类型，能根据使用要求选择隔墙的构造方案，设计隔墙、隔断，确定隔墙、隔断的构造做法，熟练绘制隔墙、隔断装饰施工图。

(2) 熟悉对有隔声、保温、防水要求的隔墙构造处理方法。

(3) 项目完成可采用小组团队进行，培育团队合作意识。

3. 实训内容及要求

(1) 根据空间功能和分布要求，选择设计隔墙、隔断的形式绘制施工平面图。

(2) 按照隔墙、隔断的构造原理，完成平面布局中各类隔墙、隔断的装饰设计，绘制隔墙、隔断构造及节点详图，比例自定。

(3) 图纸采用 A3 纸绘制，装订成册。

4. 实训小结

(1) 本实训主要掌握隔墙、隔断的构造设计。

(2) 在完成实训工作以后，组织进行自评、互评、相互交流等，进行最终评定。

课 题 **6**

顶棚装饰构造

学习目标

了解顶棚装饰的目的和要求；熟悉顶棚的分类及吊顶构造设计的注意事项；掌握直接式顶棚基本构造；熟悉悬吊式顶棚基本构造；掌握木龙骨吊顶、轻钢龙骨吊顶、铝合金龙骨吊顶的构造；熟悉开敞式吊顶构造、PVC 塑料板顶棚构造、软膜及发光顶棚构造；掌握吊顶特殊部位及细部的构造。

学习要求

知 识 要 点	能 力 目 标
(1) 顶棚装饰的分类和要求 (2) 吊顶构造设计的注意事项	(1) 了解顶棚装饰的目的和要求 (2) 熟悉顶棚的种类及吊顶构造设计的注意事项
(1)直接式顶棚的特点及材料选用 (2) 直接式顶棚的基本构造	(1) 了解直接式顶棚的特点及其材料选用 (2) 掌握直接式顶棚基本构造
(1) 悬吊式顶棚的基本构造组成 (2) 木龙骨吊顶构造 (3) 轻钢龙骨、铝合金龙骨吊顶构造 (4) 金属板吊顶构造	(1) 熟悉悬吊式顶棚的基本构造组成 (2) 掌握吊筋的种类及连接构造 (3) 掌握吊顶龙骨、饰面材料及其连接构造 (4) 掌握木龙骨构造、轻钢龙骨吊顶构造 (5) 掌握金属板吊顶构造
(1) 开敞式吊顶构造、PVC 塑料板顶棚构造、软膜及发光顶棚构造 (2) 顶棚细部构造处理 (3) 顶棚特殊部位的构造处理	(1) 熟悉开敞式吊顶构造、PVC 塑料板顶棚构造、软膜及发光顶棚构造 (2) 掌握顶棚与空调风口、照明灯具、消防设施等特殊部位的构造处理

导入案例

顶棚是室内装饰装修的重要部分，对顶棚进行装饰装修是功能和空间美观的需要。顶棚装饰装修巧妙地组合了照明、通风、防火及吸声等设备，同时利用空间造型、光影及材质等方面渲染功能厅环境、烘托气氛，以满足人们的精神需求。如图6.1所示为某公共空间顶棚装饰设计。

那么，顶棚装修装饰都有哪些形式？其装饰构造组成和顶棚装修是怎样来实现呢？顶棚装饰装修中构件之间如何连接？其特殊部位及细部构造是如何处理的？

图6.1　顶棚装饰图

6.1　概　　述

顶棚是位于建筑物楼盖和屋盖下的装饰构件，又称天棚，也称天花板。顶棚是建筑室内空间的顶界面，在室内空间中占据十分重要的位置。

6.1.1　顶棚装饰的目的和要求

对顶棚进行装饰，其目的和要求既有功能技术方面的，也有造型和美观方面的。

顶棚装饰作为建筑装饰的一个重要组成部分，与整个建筑物的装饰风格和装饰效果有着十分密切的关系。顶棚装饰可从空间、光影及材质等方面渲染环境、烘托气氛，以满足人们在信仰、习惯、生理及心理等方面的精神需求。不同的顶棚处理，可以达到不同的空间感受。有些可以延伸扩大空间感，对人的视觉起导向作用；有些可使人感到亲切、温暖、舒适，满足人们生理和心理环境的需要。可见，顶棚装饰对建筑物室内景观的完整统一及装饰效果有很大的影响。

顶棚装饰除了体现建筑物的装饰效果和艺术风格以外，还具有许多功能性的目的，直接影响建筑室内的环境与使用。建筑的照明、通风、保温、隔热、吸声或反射声及音响防火等建筑功能与顶棚装饰密切相关。例如：顶棚与风管尺寸及出回风口的位置，顶棚与嵌入灯具或灯槽的位置，以及顶棚与消防喷淋、报警、通信及音响监控等设施的接口等。如某公司大厅顶棚布置图，如图6.2所示。

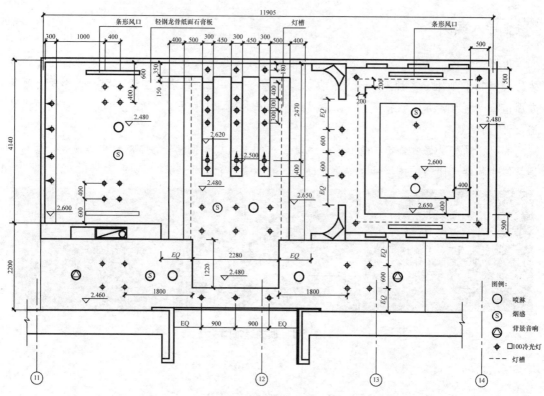

图 6.2 某公司大厅顶棚布置图(单位：mm)

6.1.2 顶棚装饰的分类

顶棚按外观形式可分为平滑式(平直或弯曲的连续体)、井格式、分层式和发光顶棚等，如图 6.3 所示。按构造方式可分为直接式顶棚和悬吊式顶棚。

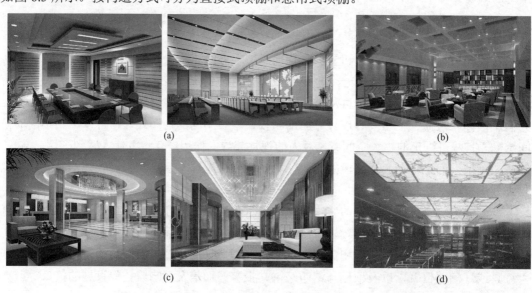

图 6.3 吊顶形式

(a) 平滑式顶棚；(b) 井格式顶棚；(c) 分层式顶棚；(d) 发光顶棚

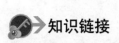 

知识链接

顶棚的分类还可以从不同的角度来进行。例如：

(1) 按顶棚装饰表面材料不同分类。有木质顶棚、石膏板顶棚、各种金属板顶棚及玻璃镜面顶棚等。

(2) 按顶棚施工方法的不同分类。有抹灰刷浆类顶棚、裱糊类顶棚、贴切面类顶棚及装配式板材顶棚等。

(3) 按顶棚表面与建筑主体结构相对关系的不同分类。有直接式顶棚及悬挂式顶棚。

(4) 按顶棚结构构造形式不同分类。有开敞式顶棚、隐蔽式顶棚、活动装配式顶棚及固定顶棚等。

6.1.3 吊顶构造设计的注意事项

顶棚装饰是技术要求比较复杂、难度较大的装饰工程项目，必须结合建筑内部的体量、装饰效果的要求、经济条件、设备安装情况、技术要求及安全问题等各方面来综合考虑。在吊顶构造设计中应注意下列事项。

(1) 顶棚的装饰必须满足装饰美观的要求，注意饰面板的拼缝处理。

(2) 根据顶棚的荷载或特殊要求，选择相应的吊顶构造。确保吊点、吊杆、龙骨、面板的连接要牢固。

(3) 吊顶材料和型号需满足耐燃防火性能的要求；满足质量轻，光反射率高，较高隔声、吸声、保暖、隔热的要求，同时还必须满足耐久性及使用期限的要求。

(4) 注意结合实际处理特殊部位的装饰构造。

(5) 吊顶构造应易制作安装施工，便于更新。

(6) 满足相应的经济要求等。

6.2 直接式顶棚装饰构造

直接式顶棚是在屋面板或楼板的底面直接进行喷浆、抹灰、粘贴壁纸、粘贴面砖、粘贴或钉接石膏板条与其他板材等饰面材料。有时把不使用吊杆，直接在楼板底面铺设固定龙骨所做成的顶棚也归于此类，如直接石膏装饰板顶棚。

6.2.1 直接式顶棚的特点及材料选用

1. 直接式顶棚的特点

直接式顶棚具有构造简单，构造厚度小、可以充分利用空间，材料用量少，施工方便，造价较低的特点。采用适当的处理，可获得多种装饰效果。但这类顶棚没有提供隐藏管、线等设备和设施的内部空间。因此，一般用于装饰要求不高，室内管线较少及层高受到限制的建筑，如办公楼、住宅等。

2. 直接式顶棚材料的选用

直接式顶棚常用饰面材料与内墙饰面的抹灰类、涂刷类及裱糊类基本相同，常用的有：

(1) 抹灰类材料。常用的抹灰材料有纸筋灰抹灰、石灰砂浆抹灰及水泥砂浆抹灰等。抹灰分普通抹灰、高级抹灰和特种抹灰。特种抹灰(如甩毛等)主要用于由声学要求的建筑。

(2) 涂刷喷浆类材料。通常在抹灰类基础上涂刷色粉浆、彩色水泥浆、各种墙漆和乳胶漆等，主要用于一般建筑，如办公室、宿舍等。

(3) 裱糊类材料。常用的裱糊类材料有墙纸、墙布及其他一些织物。主要用于装饰要求较高的建筑，如宾馆客房、住宅卧室等。

(4) 面砖类块材。常用的块材有釉面砖和瓷砖等。主要用于有防潮、防腐、防霉或清洁要求较高的建筑，如浴室、洁净车间等。

(5) 板材类材料。常用的板材有胶合板、石膏板和金属扣板等。主要用于装饰要求较高的建筑。

此外，还有石膏线条、木线条和金属线条等。

6.2.2 直接式顶棚的基本构造

直接式顶棚基本构造分四个基本类型介绍，即直接抹灰、喷刷、裱糊类顶棚构造；直接贴面类顶棚构造；直接固定装饰板顶棚构造；结构顶棚装饰构造。

1. 直接抹灰、喷刷、裱糊类顶棚构造

此类顶棚构造主要由：基层处理、中间层和饰面面层组成。其中：基层处理是为了保证饰面的平整，增加抹灰层与基层黏结力。中间层主要是为了找平和黏结，还可以弥补底层砂浆的干缩裂缝。其厚度一般不超过 10mm。中间层抹灰材料与基层相同。饰面面层是为了满足装饰和使用功能要求。应平整、无裂纹。图 6.4～图 6.6 为直接抹灰、喷刷、裱糊类顶棚构造示意图。

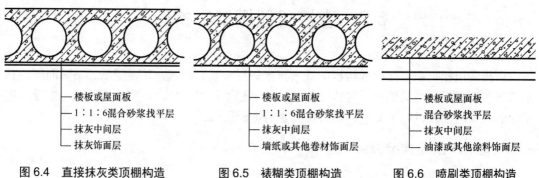

图 6.4　直接抹灰类顶棚构造　　图 6.5　裱糊类顶棚构造　　图 6.6　喷刷类顶棚构造

2. 直接贴面类顶棚构造

直接贴面类顶棚即在房屋顶面找平层上直接粘贴装饰材料。常见的有粘贴面砖等块材和粘贴固定石膏板或石膏条等。此类顶棚构造中基层处理、中间层与抹灰类、喷刷、裱糊类，面层粘贴面砖均同墙面装修构造。粘贴固定石膏板或条时，宜采用钉粘配合。具体做

法是在结构和抹灰层上钻孔,并埋置锥形木楔或塑料胀管;在板或条上钻孔,粘贴板或条时,用木螺钉辅助固定。

3. 直接固定装饰板顶棚构造

直接固定装饰板顶棚构造不同于悬吊式顶棚,这类顶棚不使用吊杆,直接将龙骨固定在结构楼板底面。固定龙骨多采用方木做龙骨,断面尺寸宜为 40mm×(40~50)mm。龙骨的固定方法一般采用胀管螺栓或射钉将连接件固定在楼板上。顶棚较轻时,也可采用冲击钻打孔,埋设锥形木楔的方法固定。装饰面板常用胶合板、石膏板等板材直接与木龙骨钉接。图 6.7 为某直接式装饰板顶棚构造示意图。

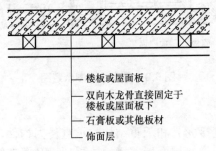

楼板或屋面板
双向木龙骨直接固定于楼板或屋面板下
石膏板或其他板材
饰面层

图 6.7 直接式石膏顶棚构造

4. 结构顶棚装饰构造

结构顶棚是将屋盖或盖结构暴露在外,不另做吊顶,利用结构本身的韵律作为装饰的一类顶棚。图 6.8 为结构顶棚示意图。

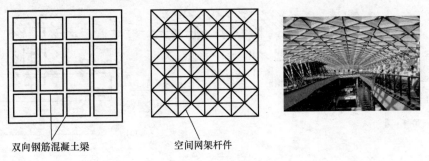

双向钢筋混凝土梁   空间网架杆件

图 6.8 结构顶棚示意图

结构顶棚一般均由建筑与结构设计决定。例如网架结构、拱结构屋盖。结构顶棚广泛用于体育建筑、展览厅、机场和车站等大型公共建筑。

6.3 悬吊式顶棚装饰构造

悬吊式顶棚是指通过吊筋及吊顶龙骨等构件将顶棚的装饰面层悬吊在楼板或屋顶结构物之下的一种顶棚形式。悬吊式顶棚的装饰表面与楼板等之间留有一定的距离,在这段空间中，可以布置各种管道和设备，如灯具、空调管、消防系统及烟感器等。悬吊式顶棚通常还可利用空间高度上产生的变化，做成各种不同形式、不同层次的立体装饰效果。

悬吊挂式顶棚主要由吊筋、顶棚骨架层和面层三部分组成，如图 6.9 所示。

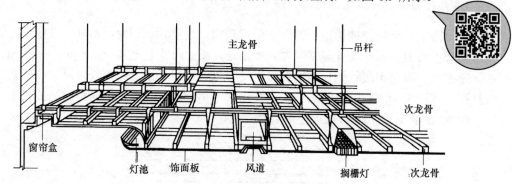

图 6.9　悬吊式顶棚示意图

1. 吊杆

吊杆也称吊筋，它是连接龙骨和承重结构的承重传力构件。吊筋的作用主要是承受顶棚的荷载，并将这一荷载传递给屋面板、楼板、屋顶梁及屋架等部位。它的另一作用是用来调整、确定悬吊式顶棚的空间高度，以适应不同场合及不同艺术处理的需要。

吊杆主要采用钢筋、型钢或方木等制作而成。目前常用的为 6~8mm 的圆钢制作成的螺丝杆，也可以用 50mm×50mm 的方木做吊筋，吊杆间距在 900~1200mm 之间。

吊杆与楼屋盖连接的节点即吊点。目前，装饰工程中吊筋固定多用膨胀螺栓、直接带膨胀螺栓端头的吊杆、射钉、木楔或预留铁件做法，如图 6.10 所示。

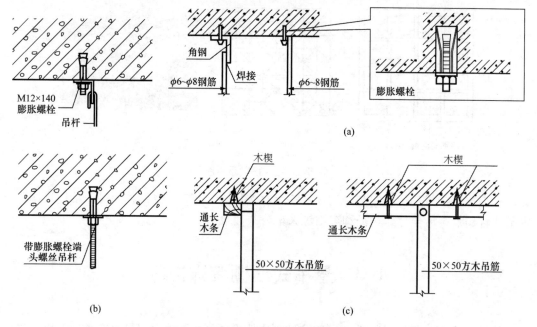

图 6.10　吊筋、吊杆与结构层固定方式

(a) 膨胀螺栓吊杆构造；(b) 直接带膨胀螺栓端头螺栓吊杆；(c) 木楔木吊杆

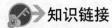

知识链接

在顶棚龙骨被截断或荷重有变化的位置，应增设吊点。

2. 顶棚骨架

常见的吊顶龙骨有木龙骨和金属龙骨两大类。其中，金属龙骨又有轻钢龙骨和铝合金龙骨两种。如图 6.11 所示。

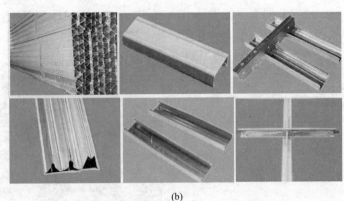

(a)   (b)

图 6.11　吊顶龙骨

(a) 木龙骨；(b) 金属龙骨

顶棚骨架是一个由主龙骨、次龙骨、小龙骨(或称为主搁栅)等所形成的网格骨架体系。其作用主要是承受顶棚的荷载，并由它将这一荷载通过吊筋传递给楼盖或盖顶承重结构。

顶棚的整体刚度与龙骨和吊杆有关，一般通过龙骨的断面和吊杆的间距综合考虑来控制刚度。为保证顶棚的水平及消除视觉误差，当顶棚的跨度较大时，顶棚的中部应适当起拱。一般对 7～10m 的跨度，按 3/1000 起拱；对 10～15m 的跨度，按 5/1000 起拱。

3. 面层

面层是吊顶的饰面层，其作用是装饰室内空间，有时还要具有特定的功能，如吸声、反射等。此外，面层的构造设计还要结合灯具、风口布置等同时进行。

饰面层材料种类很多，常用的有各种木板、胶合板、石膏板、钙塑板、金属板(铝合金板、铝板、不锈钢板、彩色镀锌钢板等)、玻璃及 PVC 饰面板等。

板材类顶棚饰面板材与龙骨之间的连接，通常可采用钉、粘、卡、挂等几种方式。

6.4　木龙骨吊顶装饰构造

木龙骨吊顶构造简单，施工方便，具有自然、亲切、温暖及舒适的感觉。实木顶棚无污染，有天然芳香，可以营造理想的绿色居住生活环境。

6.4.1　木龙骨吊顶构造

　　木龙骨吊顶的骨架层采用木材制作，由主龙骨、次龙骨及小龙骨三部分组成。主龙骨的规格一般为 50mm×70mm，钉接或者栓接在吊杆上。次龙骨断面一般为 30mm×40mm、50mm×50mm 或 40mm×60mm，并用 50mm×50mm 的方木吊挂在主龙骨的底部，且用 8 号镀锌铁丝绑扎。主龙骨间距一般为 1.2～1.6m，次龙骨的间距一般为 400～600mm，对板材面层按板材规格及板材间缝隙大小确定，一般不大于 600mm。

　　对于平面顶棚，其吊点一般每平方米一个，在顶棚上均匀布置；对于有叠级造型的顶棚，应在分层交界处设置吊点，间距为 0.8～1.2m；对于较大的灯具，也应采用吊点来进行吊挂。木龙骨与吊筋的连接如图 6.12 所示；木龙骨构造如图 6.13 所示；木龙骨接长可以通过在其上方或两侧钉方木完成，如图 6.14 所示。

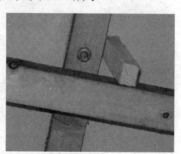

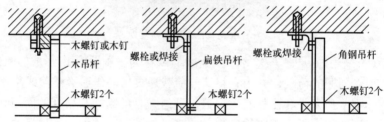

图 6.12　木龙骨与吊筋连接构造

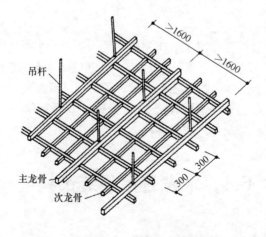

图 6.13　木龙骨构造

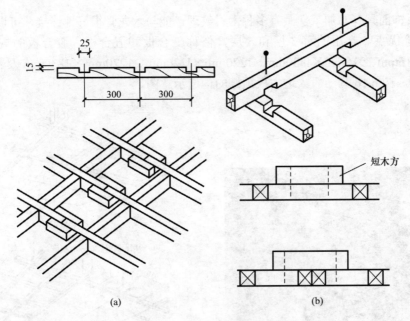

图 6.14　木龙骨对接固定构造

(a) 短木方固定于龙骨侧面；(b) 短木方固定于龙骨上面

知识链接

　　木龙骨骨架层的耐火性较差，但加工较方便，这类吊顶多用于传统建筑的顶棚和造型特别复杂的顶棚。应用时，须采取相应的消防措施处理。

6.4.2　饰面板构造及接缝

　　木龙骨吊顶的饰面板常采用实木条板和各种人造木板(如胶合板、木丝板、刨花板及填芯板等)。

1. 饰面板构造

　　实木条板的常用规格为 90mm 宽、1.5～6m 长，成品有光边、企口和双面槽缝等种类，其结合形式常采用离缝平铺、企口嵌榫、嵌缝平铺和鱼鳞斜铺等多种形式，如图 6.15 所示。

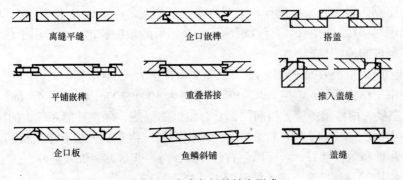

图 6.15　实木条板的结合形式

胶合板饰面具有易加工,具有多种木材纹理,能与木龙骨很好地连接,可以做出各种顶棚造型等优点。常用的有 3 层和 5 层,俗称三合板和五合板。胶合板的规格通常有 915mm×915mm、915mm×1830mm、1220mm×1220mm、1220mm×1830mm 及 1220mm×2440mm 等。图 6.16 为一般人造木板顶棚的构造示意图。

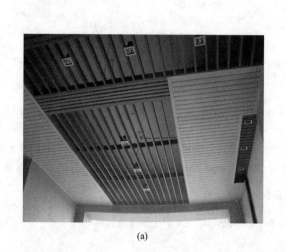

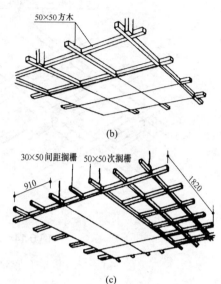

图 6.16 木龙骨吊顶构造

(a) 木板条;(b) 小板块;(c) 大板块

吊顶罩面石膏板有纸面石膏板、装饰石膏板和嵌装式装饰石膏板三种。

石膏板与木龙骨可采用自攻螺钉直接连接,螺帽沉入板内 2~3mm,钉帽刷防锈漆一道,再用腻子找平。石膏板表面的接缝可用接缝胶带粘好,再刮腻子 2~3 遍,然后刷乳胶漆,形成乳胶漆顶棚饰面;也可裱糊壁纸或墙布。

顶棚的金属饰面板品种很多,目前较多使用的有金属微穿孔吸声板和金属装饰板。

(1) 金属微穿孔吸声板具有轻质高强、耐腐蚀、防火防潮、色彩艳丽、立体感强、造型美观、装饰效果好及拼装简单等特点。常用的有不锈钢板、防锈铝板、电化铝板及镀锌铁板等。

(2) 金属装饰板有铝合金扣板、彩色钢扣板(简称彩钢板)。它具有轻质高强、色泽明快、色彩丰富、防潮、耐污染、易清理、造型美观、不易变形、安装方便及价格适中等优点。目前,常用于写字楼、商场、银行及机场等公共场所的顶棚装饰,也可用于住宅中的厨房及卫生间等部位的顶棚装饰。

(3) 其他顶棚饰面板(如 PVC 扣板、铝塑复合板等)。根据结构不同,PVC 扣板可分为单层结构和中空结构两种。单层 PVC 扣板一般宽为 100~200mm,长为 4~6m,厚为 1.0~1.5mm。中空板为栅格状薄壁异型断面,具有良好的隔热、隔声性能和较大的刚度。

(4) 常用于卫生间、厨房等潮湿房间的顶棚饰面。铝塑复合板有单层板和双层板,其耐蚀性、耐污性和耐候性好,板面颜色有红、黄、白、蓝等,装饰效果好,加工方便灵活。与铝合金板相比,具有轻质、造价低且施工方便等特点。

2. 饰面板接缝

吊顶常用饰面板材接缝有对缝(密缝)、凹缝(离缝)和盖缝(离缝)三种,其构造如图 6.17 所示。

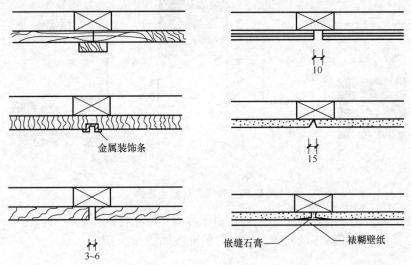

图 6.17　吊顶常用饰面板材接缝形式

6.5　金属龙骨吊顶装饰构造

金属龙骨吊顶施工简便、安装牢固。在满足吊顶构造力学的前提下,可以选用大规格板材进行铺装,既节约了吊顶材料又加快了施工速度,而且防火性能良好,是目前普遍使用的吊顶形式。

6.5.1　轻钢龙骨吊顶构造

1. 轻钢龙骨吊顶骨架组成

轻钢龙骨吊顶骨架一般由主龙骨及次龙骨组成,如图 6.18 所示。

图 6.18　轻钢龙骨吊顶组成

轻钢龙骨一般采用特制的型材，按其截面形状分为 U 形、C 形和 L 形，如图 6.19 所示。主龙骨为吊顶龙骨的主要受力构件，次龙骨是吊顶龙骨中固定饰面层的构件，边龙骨通常为吊顶边部固定饰面的龙骨。

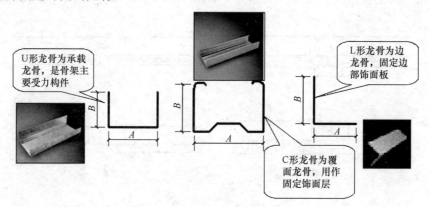

图 6.19　轻钢龙骨截面形式

连接件用来连接龙骨组成一个骨架。由于各生产厂家自成体系，所以在连接上有不同的连接件。目前，使用较多的轻钢吊顶龙骨的配件如图 6.20 所示。

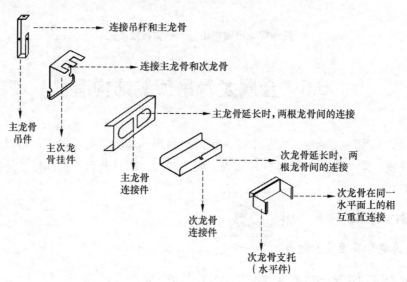

图 6.20　轻钢龙骨吊顶常用连接件

2. 吊杆(吊筋)固定

在承重结构上预设吊筋，或用膨胀螺栓固定吊筋，吊杆(吊筋)间距即为主龙骨的间距，如图 6.21 所示。

3. 龙骨连接与固定

吊筋下端安装调节挂件，通过调节挂件与主龙骨连接。主龙骨(大龙骨)是轻钢吊顶体系中的主要受力构件，整个吊顶的荷载通过主龙骨传给吊杆，主龙骨也称承载龙骨，其间距取决于吊顶的荷载，一般为 900～1200mm。图 6.22 为轻钢龙骨装配图。

次龙骨(中小龙骨)的主要作用是与饰面板固定，次龙骨间距由石膏板规格决定，一般在为 400～600mm，次龙骨通过专用连接件固定到主龙骨上。龙骨的连接包括主龙骨与吊杆的连接及主龙骨与次龙骨的连接，如图 6.23 所示。

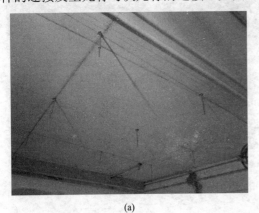
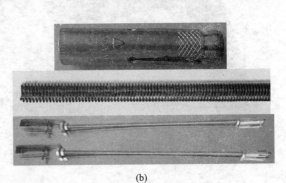

(a)   (b)

图 6.21　吊筋(吊杆)固定

(a) 吊筋的固定；(b) 膨胀螺栓吊筋

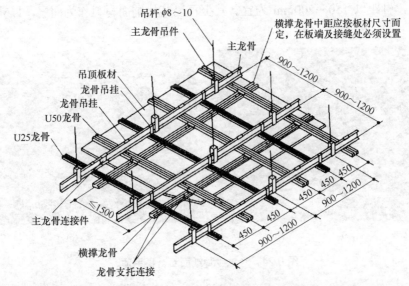

图 6.22　轻钢龙骨构造

图 6.22　轻钢龙骨构造

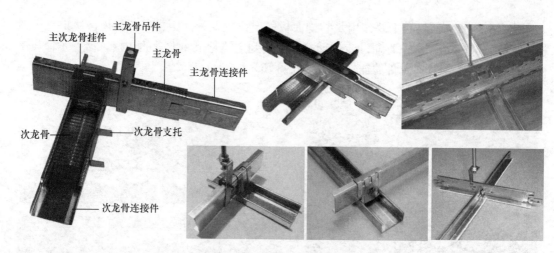

图 6.23　龙骨间的连接构造

4. 轻钢龙骨吊顶的面层

轻钢龙骨吊顶常用纸面石膏板作为基层板，常用自攻螺钉固定于次龙骨上，如图 6.24 所示。自攻螺钉与纸面石膏板边距离为，面板包封的板边 10～15mm，切割的板边以 15～20mm 为宜，钉距以 150～200mm 为宜。其上再以其他饰面材料作为面层，以获得满意的装饰效果。

(a)　　　　　　　　　　　　　　　　　　　(b)

图 6.24　轻钢龙骨纸面石膏板吊顶

(a) 纸面石膏板基层；(b) 涂料饰面顶

5. 吊顶剖面及节点细部构造

随着新材料、新工艺、新技术的日新月异，建筑装饰构造的方法也有了不同程度的变化，但无论如何变化，安全、牢固总是第一位的。吊顶工程常隐蔽各种设备、设施管线及各种灯具、通风口等，所以顶棚的构造更需引起高度重视。常见吊顶剖面及节点细部构造如图 6.25～图 6.30 所示。

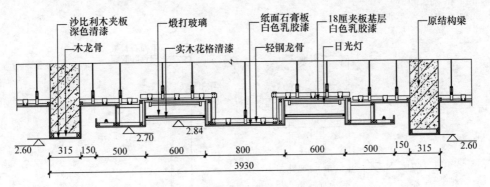

图 6.25 轻钢龙骨吊顶剖面(单位：mm)

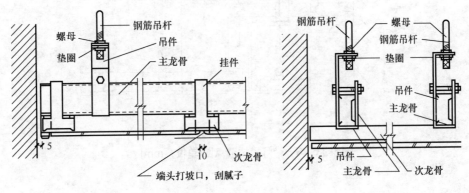

图 6.26 吊顶节点图

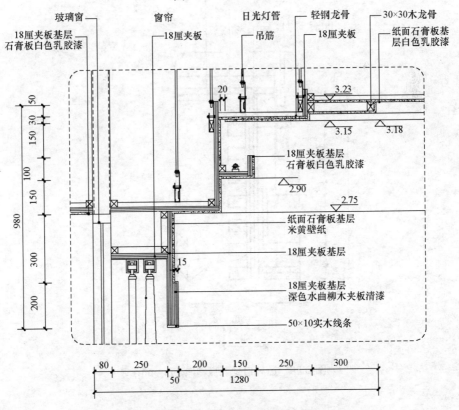

图 6.27 窗帘边跌级吊顶节点图(单位：mm)

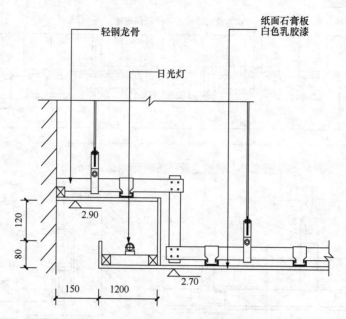

图 6.28　带灯槽边节点图(单位：mm)

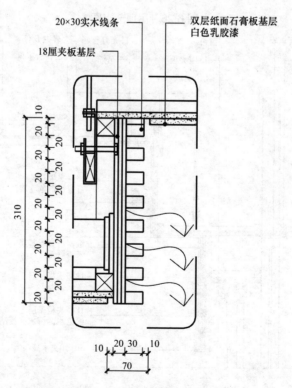

图 6.29　通风口处节点图(单位：mm)

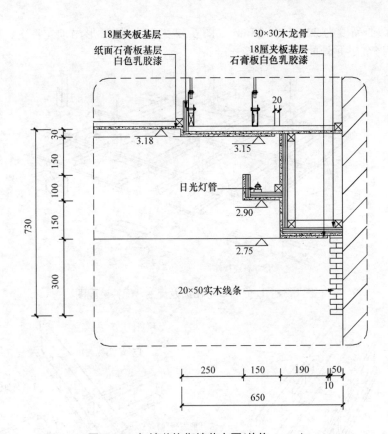

18厘夹板基层
纸面石膏板基层
白色乳胶漆
30×30木龙骨
18厘夹板基层
石膏板白色乳胶漆
20

3.18
3.15
日光灯管
2.90
2.75

20×50实木线条

30
150
150
100
150
300
730

250 150 190 50
10
650

图 6.30　与墙装饰衔接节点图(单位：mm)

6.5.2　铝合金龙骨吊顶构造

铝合金龙骨也是目前吊顶中用得较多的一种。铝合金龙骨吊顶常采用装饰石膏板、硅钙板、矿棉纤维板等作为面板，如图 6.31 所示。

图 6.31　铝合金龙骨装饰石膏板吊顶

1. 铝合金龙骨构造组成

常用的铝合金龙骨有 T 形、U 形、L 形龙骨。主要由大龙骨、中龙骨、小龙骨、边龙骨及各种连接件组成。大龙骨也分为轻型系列、中型系列及重型系列。轻型系列龙骨高 30mm 和 38mm，中型系列龙骨高 45mm 和 50mm，重型系列龙骨高 60mm。中部中龙骨的截面为倒 T 形，边部中龙骨为 L 形。中龙骨的截面高度为 32mm 和 35mm，小龙骨的截面为倒 T 形，截面高度为 22mm 和 23mm。图 6.32 为 U 形和 C 形吊顶龙骨主、配件装配图。图 6.33 为 T 形金属龙骨的连接构造。

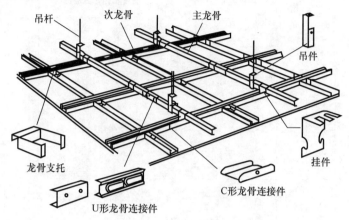

图 6.32　U 形和 C 形吊顶龙骨主、配件装配图

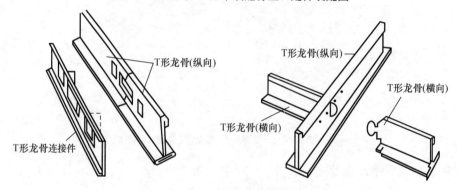

图 6.33　T 形金属龙骨的连接构造

当顶棚的荷载较大，或悬吊点间距很大，或在其他特殊环境下使用时，必须采用普通型钢做基层，如角钢、槽钢及工字钢等。图 6.34 为以 U 形轻钢龙骨为主龙骨的 L 形、T 形铝合金龙骨顶棚配件装配图。

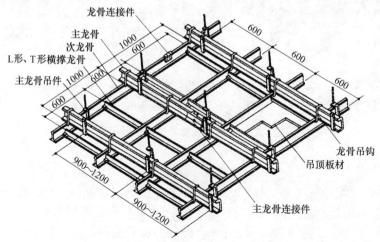

图 6.34　U 形轻钢龙骨与铝合金龙骨吊顶构造

2. 铝合金龙骨吊顶面板构造

铝合金龙骨的构造方式有暴露骨架、部分暴露骨架及隐藏式骨架三种。暴露骨架顶棚的构造是将方形或矩形纤维板直接搁置在骨架网格的倒 T 形龙骨的翼缘上，如图 6.35 所示。

部分暴露骨架顶棚的构造做法是将板材的两边制成卡口，卡入倒 T 形成龙骨的翼缘中，如图 6.36 所示。

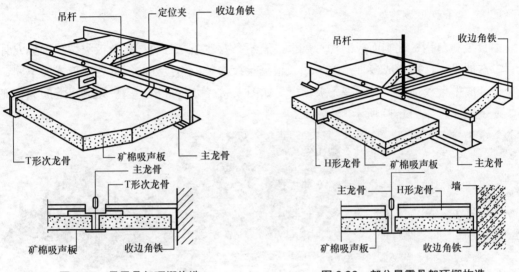

图 6.35　暴露骨架顶棚构造　　　　图 6.36　部分暴露骨架顶棚构造

隐蔽式骨架顶棚的做法是将板的侧面都制成卡口，卡入骨架网格的倒 T 形成龙骨翼缘之中，如图 6.37 所示。

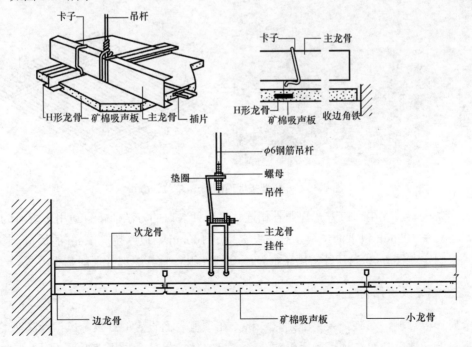

图 6.37　隐蔽式骨架顶棚构造

6.5.3 金属板吊顶构造

金属板顶棚采用铝合金板、薄钢板等金属板材面层，铝合金板表面做电化铝饰面处理，薄钢板表层表面可用镀锌、涂塑及涂漆等防锈饰面处理。两类金属板都有打孔、不打孔，条形、矩形等形式。

1. 金属条板顶棚构造

铝合金和薄钢板轧制而成的槽形条板，有窄条及宽条之分。根据条板类型和顶棚龙骨布置方法的不同，可形成多种吊顶形式。根据条板与条板相接处的板缝处理形式的不同，可分为开放型条板顶棚和封闭型条板顶棚，如图 6.38 所示。开放型条板顶棚离缝间无填充物，便于通风，如图 6.39 所示。

图 6.38 条板顶棚构造

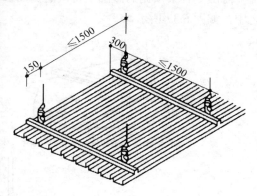

图 6.39 开放型条板顶棚构造(单位：mm)

金属条板一般多用卡口方式与龙骨相连。但这种卡口的方法通常只适用于板厚为 0.8m 以下，板宽在 100mm 以下的条板，对于板宽超过 100mm，板厚超过 1mm 的板材，多采用螺钉等来固定。图 6.40 为几种常用条板及配套副件组合时其端部处理的基本方式。

2. 金属方板顶棚构造

金属方板顶棚，在装饰效果上别具一格，在顶棚表面设置的灯具、风口及喇叭等易于与方板协调一致，使整个顶棚表面组成一个有机整体。另外，采用方板吊顶时，与柱、墙边处理较为方便。如果将方板吊顶与条板吊顶结合，便可取得组合灵活、式样不一的效果，如图 6.41 所示。

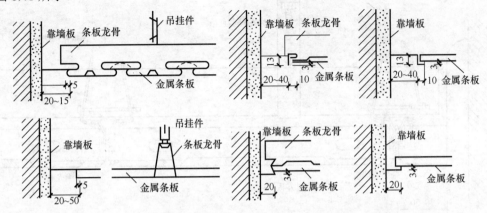

图 6.40 条板端部处理基本方式(单位：mm)

图 6.41 金属方板吊顶

金属方板安装的构造有搁置式和卡入式两种。搁置式多为 T 形龙骨方板四边带着翼缘，搁置后形成格子形离缝。卡入式的金属方板卷边向上，形同有缺口的盒子形式，一般边上扎出凸出的卡口，卡入有夹翼的龙骨中。方板可以打孔，上面衬纸再放置矿棉或玻璃棉的吸声垫，形成吸声顶棚，如图 6.42 所示。方板也可压成各种纹饰，组合成不同的图案。卡入式金属方板吊顶构造如图 6.43 所示。

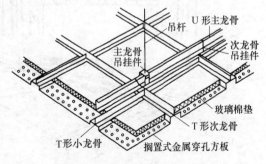

图 6.42 搁置式金属方板顶棚构造

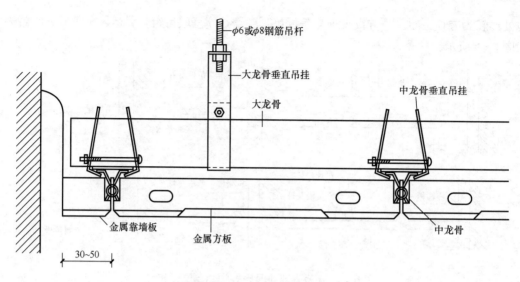

φ6或φ8钢筋吊杆

大龙骨垂直吊挂

大龙骨

中龙骨垂直吊挂

金属靠墙板

金属方板

中龙骨

30~50

图 6.43　卡入式金属方板吊顶

6.6　其他吊顶构造

6.6.1　开敞式吊顶构造

开敞式顶棚也称格栅吊顶,是在藻井式顶棚的基础上发展形成的一种独立体系。其表面开口,既遮又透的感觉,减少了吊顶的压抑感。有些开敞式顶棚常将单体构件与照明灯具的布置结合起来,使顶棚表现出一定的韵律,以增加吊顶构件和灯具双方面的艺术功用,使其具有造型艺术品及装饰品的效果,如图 6.44 所示。近年来,在各种类型建筑装饰中应用较多。

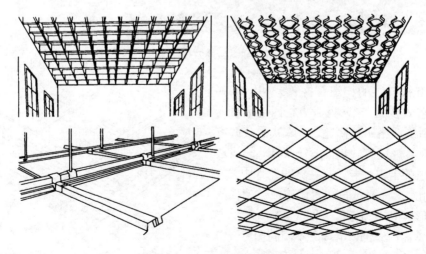

图 6.44　开敞式顶棚形式

由于开敞式顶棚是敞口的,上部空间的设备、管道及结构情况往往是暴露的,影响观

瞻，因此，开敞式顶棚的上部空间处理，对于装饰效果影响很大。目前，比较常用的办法是用灯光的反射，使其上部发暗，空间内的设备、管道变得模糊，用明亮的地面来吸引人的注意力。也可将顶板的混凝土及设备管道上一层灰暗的色彩，借以模糊人的视线。

1. 单体构件的种类与连接构造

开敞式顶棚的单体构件，通常有木制格栅构件、金属格栅构件、灯饰构件及塑料构件等。其中，以木制格栅构件、金属格栅最为常用。图6.45为几种常见的单体构件形式。

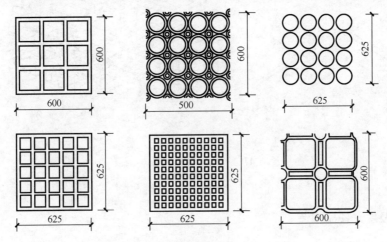

图6.45　几种常见的单体构件形式

单体构件的连接构造，在一定程度上影响着单体构件的组合方式，以至整个顶棚的造型。标准单体构件的连接，通常是采用将预拼安装的单体构件插接、挂接或榫接在一起的方法，如图6.46所示。

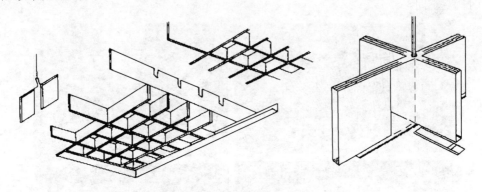

图6.46　单体构件的连接构造

2. 开敞式顶棚的安装构造

开敞式顶棚的安装构造，大体上可分为以下两种类型。

对于自身刚度不够，稳定性差的单体构件，要将单体构件固定在骨架上，然后再用吊杆将骨架与结构相连。

对于由高强材料制成的单体构件，不用骨架支持。而直接用吊杆与结构相连，这种预拼装标准构件的安装要比其他类型的吊顶简单，而且集骨架和装饰于一体。在实际工程中，为了减少吊杆的数量，通常将单体构件连成整体，再通过通长的钢管与吊杆相连，这样不仅使施工更为简便，而且可以节约大量的吊顶材料。

开敞式顶棚的安装构造如图 6.47 所示。

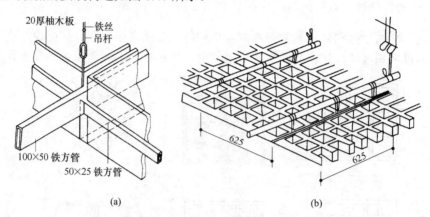

图 6.47　开敞式顶棚的安装构造

(a) 直接固定法；(b) 间接固定法

6.6.2　软膜及发光顶棚构造

软膜及发光顶棚是指顶棚饰面板采用特殊的聚氯乙烯软膜、有机灯光片、彩绘玻璃等透光材料的一类顶棚，如图 6.48 所示。发光顶棚整体透亮，光线均匀，减少了室内空间的压抑感；彩绘玻璃图案多样，装饰效果丰富。但也具有一些缺点：大面积使用，耗能较多；技术要求较高；要保证顶部光线均匀透射，灯具与饰面板之间必须保持一定的距离，占据一定的高度空间。

图 6.48　软膜及发光顶棚

由于顶棚的骨架需支撑灯座和面层透光板两部分，所以骨架必须双层设置，上、下层之间通过吊杆连接。上层骨架通过吊杆连接到主体结构上，具体构造同一般顶棚相同。

发光顶棚的面层透光材料一般采用搁置、承托或螺钉固定的方式与龙骨连接，以方便检修及更换顶棚内的灯具。如果采用粘贴的方式，则应设置进入孔和检修走道，并将灯座做成活动式，以便拆卸检修。图 6.49 为一般发光顶棚的构造示意图。

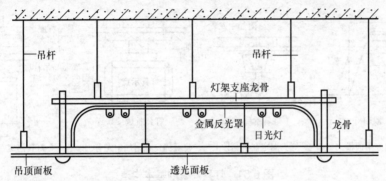

图 6.49　发光顶棚构造示意图

6.6.3　PVC 塑料板顶棚构造

PVC 塑料板顶棚具有防潮性能好、施工安装方便等优点，被广泛应用于一般装修标准面积不大的卫生间、厨房等，如图 6.50 所示。

图 6.50　PVC 塑料吊顶板

PVC 塑料板顶棚安装时，首先在墙面弹出安装高度位置线，墙的两端固定压边条用钉固定牢固，板材按顶棚实际尺寸裁好，将板材插入固定压边条内，板边的企口向外，安装端正后，在企口内用钉固定，然后插入第二块，安装完毕后两侧用收边条固定。

6.7　吊顶特殊部位及细部构造

6.7.1　顶棚与空调风口、照明灯具的构造处理

顶棚与空调风口、照明灯具的构造处理，有的直接悬挂在顶棚下面，如吊灯等；有的必须嵌入顶棚内部，如通风口、灯带等。

灯具安装的基本构造应根据灯具的种类选用适当的方式。如嵌入式灯具，在需要安装灯具的位置，用龙骨按灯具的外形尺寸围合成孔洞边框，孔洞边框或灯具龙骨应设置在次龙骨之间，既可作为灯具安装的连接点，也可作为灯具安装部位龙骨的局部增强。

图 6.51 为灯具安装的基本构造，图 6.52 为灯具安装部位龙骨的局部增强构造，图 6.53 为风口、扬声器与顶棚连接构造。

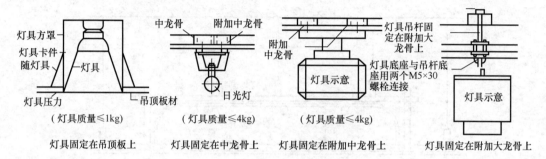

图 6.51　灯具安装的基本构造

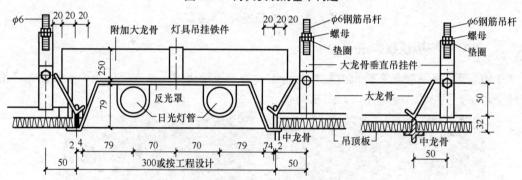

图 6.52　灯具安装部位龙骨的局部增强(单位：mm)

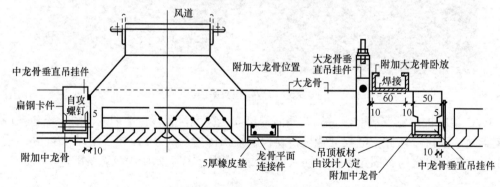

图 6.53　风口、扬声器与顶棚连接构造

 ## 特别提示

应该注意的是，灯具或风口的选择，应尽可能使其外形尺寸与面板的宽度成一定的模数，以便施工。

6.7.2 顶棚与消防设施构造处理

顶棚上的消防设施主要有感烟器和消防喷头。顶棚设计必须与消防设施相协调，在构造上感烟器可以直接安装在顶棚面板上。为了使消防喷头的作用不受影响，消防喷头边上不应有遮挡物。消防喷头的安装如图 6.54 所示。

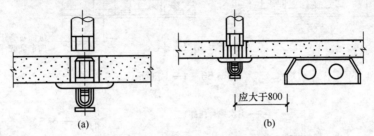

图 6.54　消防喷头安装构造

(a) 水管预留不到位；(b) 喷淋头边上不应有遮挡物

知识链接

【工程案例】某商业空间专卖店，采用轻钢龙骨纸面石膏板吊顶，白色乳胶漆饰面，顶棚造型及构造做法如图 6.55～图 6.59 所示。

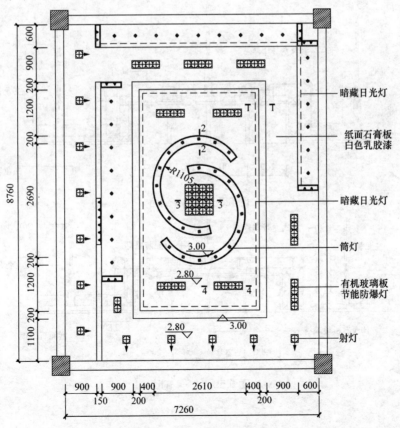

图 6.55　专卖店顶棚平面图

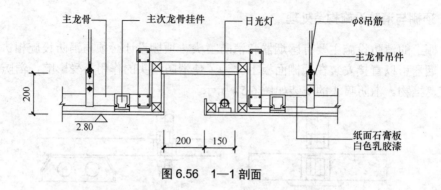

图 6.56　1—1 剖面

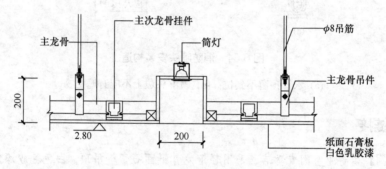

图 6.57　2—2 剖面

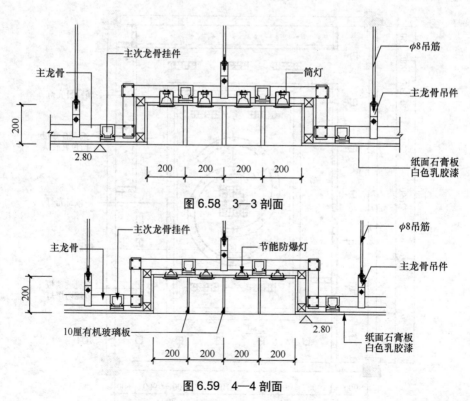

图 6.58　3—3 剖面

图 6.59　4—4 剖面

课 题 小 结

　　顶棚是位于建筑物楼屋盖下面的装饰构件，是装饰装修工程的重要组成部分。顶棚的设计与选择应充分结合建筑功能、防火要求、建筑光、声、设备设施、管线敷设维护与维修等多方面综合因素。

　　本课题对顶棚装饰构造作了全面的讲述，其主要内容如下：

　　(1) 直接式、悬吊式顶棚的基本构造；

　　(2) 木龙骨吊顶装饰构造、轻钢龙骨吊顶构造、铝合金龙骨吊顶构造、金属板吊顶构造、吊顶特殊部位及细部构造处理；

　　(3) 开敞式吊顶构造、PVC 塑料板顶棚构造、软膜及发光顶棚构造；

　　(4) 顶棚与空调风口、照明灯具、消防设施等构造处理。

思考与练习

一、填空题

　　1. 顶棚装饰的目的和要求既有_____方面的，也有_____方面的。

　　2. 直接式顶棚的优点是_____；缺点是_____。

　　3. 直接固定装饰板顶棚构造不同于悬吊式顶棚，其不同点为_____。

　　4. 顶棚骨架层，是一个包括由_____、_____、_____等所形成网格骨架体系。

　　5. 金属龙骨常见的有_____和_____两种。

　　6. 木龙骨骨架层的_____较差，应用时须采取相应的消防措施处理。

　　7. 暴露骨架顶棚的构造是将方形或矩形纤维板直接搁置在骨架网格的倒_____形龙骨的翼缘上。

　　8. 铝合金龙骨吊顶面板常见的构造方式有_____、_____、_____三种。

　　9. 金属方板顶棚构造按金属板安装的构造有_____和_____两种。

二、选择题

　　1. 顶棚装饰与哪些建筑技术密切相关(　　)。

　　　　A. 建筑的照明　　　　　　　　　B. 建筑的通风

　　　　C. 建筑的保温、隔热　　　　　　D. 建筑的吸声或反射声

　　2. 按顶棚的外观形式可将顶棚分为(　　)。

　　　　A. 平滑式　　　　B. 井格式　　　　C. 悬浮式　　　　D. 悬挂式

3. 顶棚按装饰表面材料的不同，可分为(　　　)。

A. 木质顶棚　　　　　　　　　　B. 贴切面类顶棚

C. 金属板顶棚　　　　　　　　　　D. 玻璃镜面顶棚

4. 顶棚按施工方法的不同，可分为(　　　)。

A. 抹灰刷浆类　　B. 板材类　　C. 开敞式顶棚　　D. 裱糊类

5. 顶棚按表面与建筑主体结构相对关系的不同，可分为(　　　)。

A. 直接式顶棚　　B. 悬挂式顶棚　　C. 开敞式顶棚　　D. 隐蔽式顶棚

6. 顶棚按结构构造形式不同，可分为(　　　)。

A. 开敞式顶棚　　B. 直接式顶棚　　C. 活动装配式顶棚

D. 固定顶棚　　　E. 隐蔽式顶棚

7. 一般直接式顶棚的饰面可选用(　　　)。

A. 抹灰类材料　　B. 板材类材料　　C. 裱糊类材料　　D. 面砖类块材

8. 悬挂式顶棚一般由(　　　)组成。

A. 吊筋　　　　　B. 顶棚骨架层　　C. 连接件　　　　D. 面层

9. 用来调整、确定悬吊式顶棚的空间高度，以适应不同场合、不同艺术处理的需要的是(　　　)。

A. 吊筋　　　　　B. 顶棚骨架层　　C. 连接件　　　　D. 面层

10. 吊筋可采用(　　　)加工制作。

A. 金属　　　　　B. 铝合金　　　　C. 方木　　　　　D. 混凝土

11. 采用钢筋做吊筋，一般不小于(　　　)。

A. $\phi 4mm$　　　B. $\phi 5mm$　　　C. $\phi 6mm$　　　D. $\phi 8mm$

12. 木骨架也可以用(　　　)的方木做吊筋。

A. 40mm×40mm　　　　　　　　B. 40mm×50mm

C. 50mm×50mm　　　　　　　　D. 50mm×60mm

13. 木龙骨吊顶其次龙骨断面一般为(　　　)，并用 50mm×50mm 的方木吊挂在主龙骨的底部，且用 8 号镀锌铁丝绑扎。

A. 30mm×30mm　　　　　　　　B. 30mm×40mm

C. 50mm×50mm　　　　　　　　D. 60mm×50mm

14. 轻钢龙骨 U 形龙骨系列由(　　　)组成。

A. 大龙骨　　　　B. 小龙骨　　　　C. 各种连接件　　D. 横撑龙骨

15. 当顶棚的荷载较大，或悬吊点间距很大，或在其他特殊环境下使用时，必须采用(　　　)。

A. 角钢　　　　　B. 槽钢　　　　　C. 工字钢　　　　D. 铝合金

三、绘图题

1. 绘制墙纸饰面的直接式顶棚的基本构造。

2. 绘制铝合金龙骨吊顶面板的连接构造。

3. 绘制金属方板、条形板顶棚构造。

4. 绘制顶棚与窗帘盒、空调风口、照明灯具的构造处理。

5．绘制叠级顶棚高低交接处的构造处理。

6．绘制顶棚与墙体的交接处理构造图。

技 能 实 训

【实训课题一】顶棚装饰构造观摩实训。

1．实训目的

顶棚装饰施工工地或顶棚装饰构造教学模型实训场，进行顶棚装饰构造观摩实训，以巩固顶棚装饰构造理论知识，理论联系实际。真正掌握顶棚装饰装饰构造做法，为解决顶棚装饰中的实际构造问题做准备。

2．场景要求

顶棚装饰构造实训场应当有楼板原始结构面、吊筋安装、顶棚骨架安装和面层安装施工过程面(剖面)或半成品、顶棚装饰施工完成面等。实训场内要布置典型的顶棚装饰种类，例如：木龙骨吊顶、轻钢龙骨吊顶、铝合金龙骨吊顶、金属板吊顶、开敞式吊顶及发光顶棚等。

3．实训内容及要求

对照现场施工构造进行测量、观摩。绘制顶棚装饰施工节点详图并对节点详图进行评定。

(1) 观察吊筋安装、顶棚骨架安装和面层安装施工过程面(剖面)或装饰施工完成面等。

(2) 鉴别吊顶的各种材料、构配件，观察其连接构造。

(3) 测量各种吊顶装饰材料、构配件规格尺寸。

(4) 阅读吊顶装饰施工图及节点详图。

【综合实训二】轻钢龙骨纸面石膏板顶棚装饰构造设计。

1．实训项目

某服装专卖店顶棚平面如图 6.58 所示，根据顶棚平面图标注材料名称、规格及做法等完成顶棚装饰施工图。

2．实训目的

(1) 通过顶棚装饰构造设计实训达到系统掌握顶棚装饰构造理论知识与专业知识；

(2) 能进行顶棚装饰施工图深化设计，规范绘制顶棚平面图；

(3) 能进行轻钢龙骨纸面石膏板顶棚构造设计；

(4) 能进行顶棚细部节点构造图的设计与绘制。

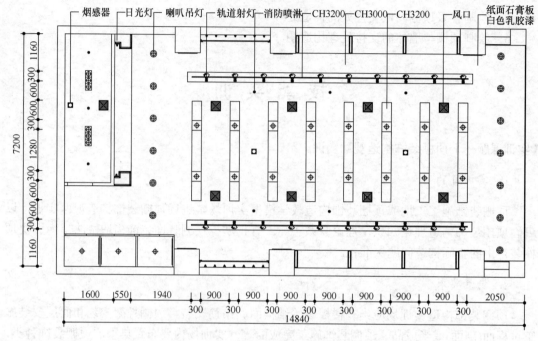

图 6.58 顶棚平面图

3. 实训内容及要求

(1) 调研 2～3 类建筑装饰装修的顶棚设计样式，收集设计素材；

(2) 识读给定顶棚装饰平面图及做法。

(3) 绘制顶棚的重要剖面详图，比例为 1：10 或 1：20。表示顶棚各部分的骨架、面板、吊点的详细剖面尺寸、标高和相互位置关系，标注材料名称、规格及做法要求。

(4) 绘制顶棚的细部(节点)构造详图以及顶棚灯具节点构造、顶棚与墙面的交接构造，标注材料名称、规格及构造做法等。比例为 1：10 或 1：5。

(5) 本实训主要要求掌握顶棚的构造设计，要求设计图纸规范，深度达到装饰施工图要求，同时，能绘制各相交部位的细部构造。

4. 实训小结

(1) 对绘制的顶棚装饰构造施工图进行自评、互评、最终评定；

(2) 展示实训项目成果，相互交流。

课 题 **7**

门窗装饰构造

学习目标

　　本课题主要对门窗的装饰构造进行了介绍，通过学习能了解门窗装饰构造设计的要求，能进行装饰木门的装饰构造设计并能对窗洞口进行装饰构造设计，掌握窗帘盒的构造设计，能绘制其装饰构造图，并能灵活运动相关构造知识。

学习要求

知 识 要 点	能 力 目 标	相 关 知 识
门的装饰构造	(1) 了解门装饰构造内容及要求 (2) 能进行装饰木门的装饰构造设计 (3) 了解特殊装饰门的构造	(1) 门的装饰功能要求及分类 (2) 装饰木门的构造及实例 (3) 特殊装饰门构造
窗的装饰构造	(1) 熟悉窗的装饰构造设计要求 (2) 能对窗洞口进行装饰构造设计 (3) 掌握窗帘盒的构造设计	(1) 窗的装饰构造设计要求 (2) 窗的装饰构造 (3) 窗帘盒

导入案例

门窗作为建筑物的组成之一，是联系建筑内外交通联系及交通疏散、采光、通风，同时也是建筑装饰造型的重要组成部分，在建筑装饰装修工程中，其造型、色彩和材质对建筑的装饰效果影响很大，如图 7.1 所示为各种风格的门窗效果，如何选择门窗的装饰构造设计，才能与整个装修风格协调？

(a)　　　　　　　　(b)　　　　　　　　(c)

图 7.1　各种风格的门窗

(a) 中式门窗；(b) 欧式门窗；(c) 落地窗

7.1　门的装饰构造

门窗作为建筑物的组成之一，主要作用是交通疏散、通风和采光，根据不同建筑的特性要求，有时门窗还具有防火、保温隔热、隔声及防辐射等性能。在建筑装饰装修工程中，门窗的造型、色彩和材质对建筑的装饰效果影响较大。

7.1.1　门的功能及分类

1.　门的功能要求

1) 水平交通及疏散的要求

门能够在各空间之间以及室内与室外之间起到水平交通联系的作用；同时，为满足紧急疏散的功能，在建筑设计规范中，根据预期的人流量及家具、设备大小等，对门的设置数量、位置、尺度及开启方向等方面均做了具体的规定，这些也是装饰设计必须遵守的重要依据。

2) 围护与分隔作用的要求

为了保证使用空间具有良好的物理环境，门的设置通常需要考虑保温、隔热、防风、防雨、隔噪声及密闭等问题，还有一些具有特殊的功能要求，如防火门、隔声门等，同时，门还以多种形式按需要将空间分隔开，这些要求在门的装饰构造中必须满足。

3) 采光通风方面的要求

建筑的采光主要依靠外窗来解决，但对一些安装在特定位置的门，也应具有采光要求，如阳台门或室内隔断门等,内门与外窗之间的相对位置对空气对流是否通畅起着重要作用。

4) 装饰方面的要求

门是人进入一个空间的必经之路,会给人留下深刻的印象。门的样式多种多样,合理选择门及其附件的风格和式样,确定门的材料、尺度、比例、色彩、造型及质地等,对装饰效果起着非常重要的作用。

2. 门的分类与装饰

按门的开启方式不同,可分为平开门、弹簧门、推拉门、折叠门及转门等,如图 7.2 所示。

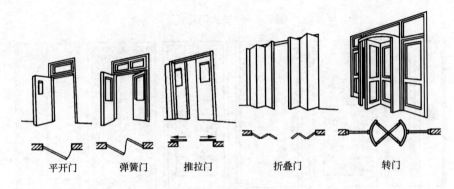

平开门　　弹簧门　　推拉门　　　折叠门　　　　转门

图 7.2　门的开启方式

按门的风格不同,可分为中国传统式、欧美式和现代式,如图 7.3～图 7.5 所示。按制作及饰面材料的不同,可将门分为木门、钢门、彩色钢板门、不锈钢门、铝合金门、玻璃门及复合材料门等。

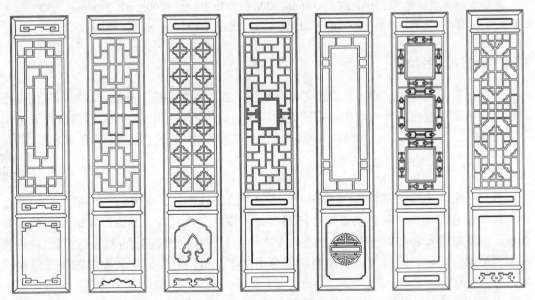

图 7.3　中国传统式门样式

图 7.4　欧美式门样式

图 7.5　现代式门样式

知识链接

装饰木门常用规格有 750mm×2000mm、900mm×2000mm、1000mm×2000mm、1500mm×2000mm、750mm×2100mm、900mm×2100mm、1000mm×2100mm 及 1500mm×2100mm 等。

7.1.2　装饰木门的构造

在现代装饰工程中，装饰木门因其具有品种丰富、造型多变、天然的纹理、装饰性强等特点，从而在室内装饰工程中得到广泛的应用。装饰木门是由门套(框)、门扇和五金配件等组成的。各种装饰木门和门扇式样、构造做法不尽相同，但门套(框)却基本相同。

1. 门套构造

门套是用各种装饰材料将门洞周边镶嵌起来的装修做法，主要有两种形式：一种是建筑只预留有门洞口，其做法直接在门洞墙体上镶钉细木工板，并饰以装饰面板形成筒子板，门扇直接安装在筒子板上，如图 7.6 所示；另一种为改造工程(原设有门框)，装修时需利用原有门框，将原有门框及洞口侧面用细木工板进行包装，表面饰以装饰面板，如图 7.7 所示。

门套由筒子板、贴脸板和装饰线组成，既可以起到装饰作用，又可以避免门边墙体被碰撞损坏，并且易于清洁。门套的装修材料一般与门扇材料相同，有的情况下也可以采用石材或陶瓷制品，如图 7.8 所示。

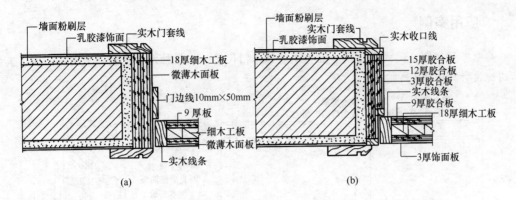

图 7.6 预留门洞口门套装饰构造(单位: mm)

2. 门扇构造

装饰木门扇按材料与构造方式不同,常用的主要有实木门和夹板门两类。

1) 实木门

实木门一般分为全实木榫拼门、实木镶板门及实木复合门等。

(1) 全实木榫拼门。全实木榫拼门是用较厚的条形木板拼接成门扇。拼板门的边梃与冒头截面尺寸较大,这种门木材用量大、结实、厚重,是中国传统的大门结构形式,现较少使用。

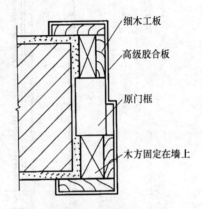

图 7.7 有门框的门套构造

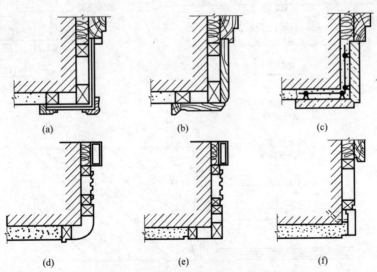

图 7.8 门套筒子板装饰装修形式

(a) 胶合板筒子板镶木线; (b) 木板筒子板镶木线;

(c) 石材筒子板; (d) 铝合金型材筒子板;

(e) 不锈钢型材筒子板; (f) 钛合金型材筒子板

建筑装饰构造(第二版)

应用案例

　　某商务写字楼套间式办公用房卫生间装饰木门门套，采用柚木饰面板亚光清漆饰面，其装饰构造设计如图 7.9 所示。

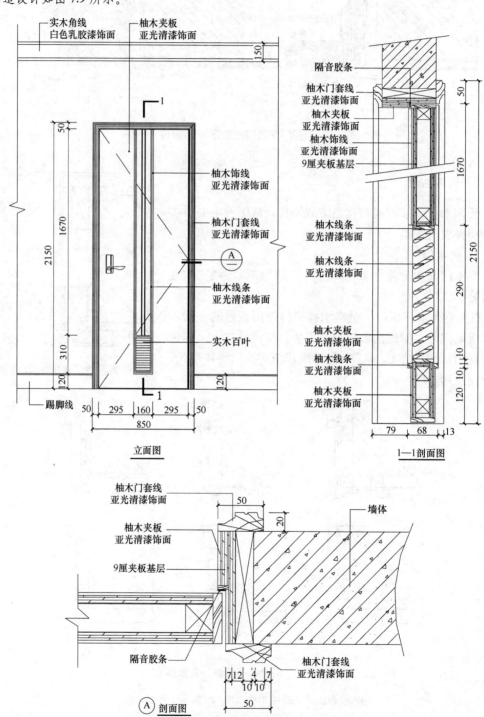

图 7.9　门套装饰装修构造

知识链接

榫拼门通常做法是在门扇边梃上开榫眼，在上、中、下冒头两端开榫头，通过插接连接门扇各部位。由于上、中、下冒头的位置和承力不同，其榫头做法也有所区别，如图7.10、图7.11所示。

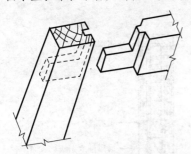

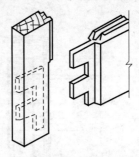

图 7.10 门扇边梃与上冒头的连接   图 7.11 门扇边梃与下冒头的连接

(2) 实木镶板门。实木镶板门的门扇主要由门扇边梃、上冒头、下冒头和门芯板组成。若门芯镶入木板即为实木镶板门；若在门芯镶入的木板上雕刻图案造型，或者通过专用机械将锯末、刨花等用胶黏合压制成图案造型，即为实木雕刻门。图7.12为实木镶板门构造。

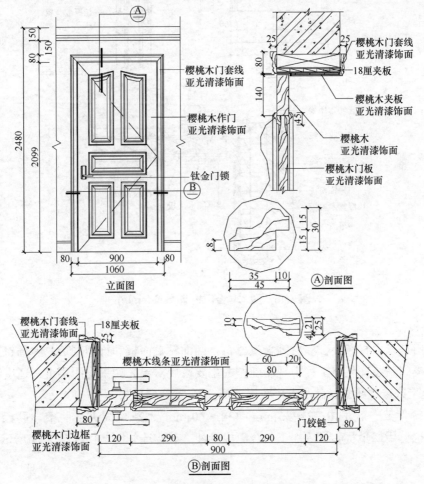

图 7.12 实木镶板门构造(单位：mm)

(3) 实木复合门。实木复合门是以木材、各类人造板材为主要材料复合而成的实体门。通常以优质 9mm 厚胶合板、细木工板、进口填充材料或胶合板等做底板,表面饰以木质贴面或其他覆面材料,并用实木线条封边压线。实木复合门构造如图 7.13～图 7.16 所示。

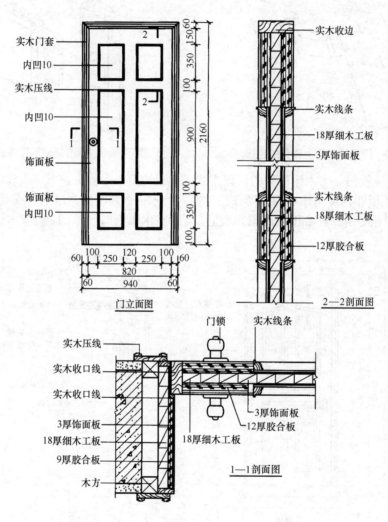

图 7.13　实木复合门构造(单位:mm)

2) 夹板门

夹板门是以木材和胶合板材为骨架材料,两面粘贴面板和饰面层后,四周钉压边木条固定,这类门是装饰装修工程中现场制作的主要应用对象。如果对面层进行适度装饰处理(如粘贴上装饰造型线条、微薄木拼花拼色等)可丰富立面效果。

夹板门骨架一般是由(32～35)mm×(34～60)mm 木条构成纵横肋条,肋距为 200～400mm,也可用蜂巢状芯材等加工黏合而成骨架。其构造如图 7.17、图 7.18 所示。

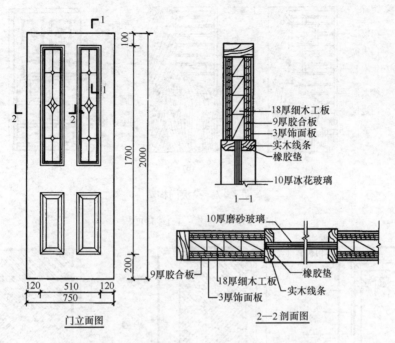

图 7.14 镶玻璃实木复合门构造(单位：mm)

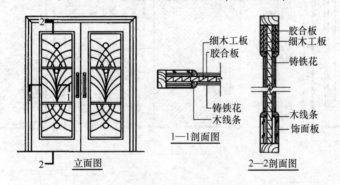

图 7.15 镶铁艺实木复合门构造

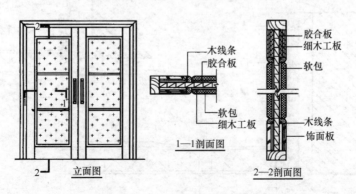

图 7.16 软包实木复合门构造

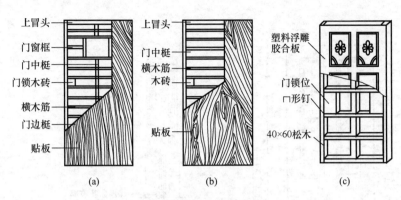

图 7.17 夹板门构造

(a)、(b)木质面板；(c)塑料面板

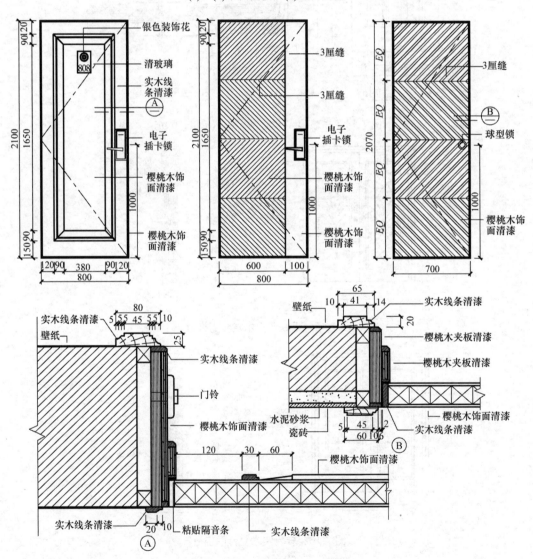

图 7.18 装饰夹板门构造典例

应用案例

某酒店包房装饰木门，采用夹板基层枫木饰面板和枫木实木线条饰面，黑胡桃实木门套线，亚光清漆，镶嵌压花玻璃，其装饰构造构造设计图如图 7.19 所示。

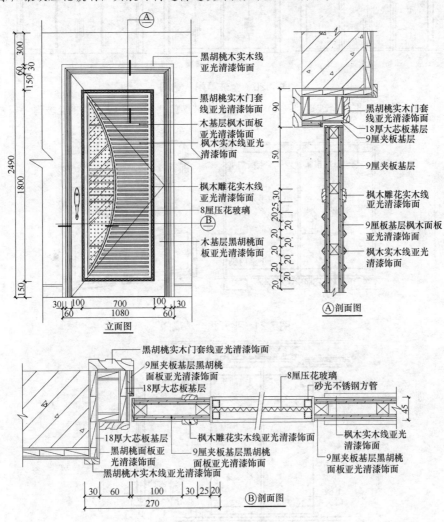

图 7.19 夹板门构造实例

7.1.3 特殊装饰门构造

1. 无框玻璃门

在现代装饰工程中，全玻璃门具有整体感强、光亮明快及采光性能优越等特点，用于主入口或外立面为落地玻璃幕墙的建筑中，更增强室内外的通透感和玻璃饰面的整体效果，因而广泛用于高级宾馆、影剧院、展览馆、银行及大型商场等。

全玻璃门由固定玻璃和活动门扇两部分组成。固定玻璃与活动玻璃门扇的连接方法有两种：一是直接用玻璃门夹进行连接，其造型简洁，构造简单；另一种是通过横框或小门框连接。如图 7.20 所示。

全玻璃门按开启功能不同,可分为手动门和自动门两种。手动门是采用门顶枢轴和地弹簧人工开启,自动门安装电动机和感应器装置自动开启,如图 7.21 和图 7.22 所示。

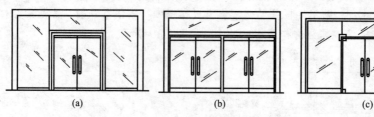

图 7.20 全玻璃门示意图

(a) 有小门框的全玻璃门;(b) 有横框的全玻璃门;(c) 用门夹连接的全玻璃

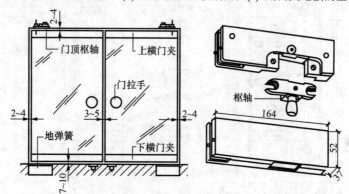

图 7.21 平开式全玻璃门

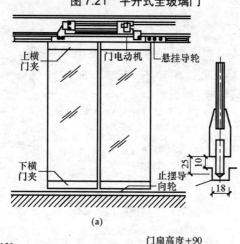

(a)

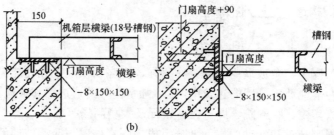

(b)

图 7.22 平开全玻璃自动门

(a) 平开全玻璃自动门及止摆导向轮;(b) 全玻璃自动门顶横梁支承节点

2. 旋转门

旋转门是一种装饰性较强的门，具有防风、保温的作用，通常用于宾馆、酒店和银行等中高级建筑装饰工程中，但不适用于人流较大并集中的公共场所，不能用作疏散门。因此，在转门的边上还必须设置平开门或弹簧门作为疏散门。

转门有普通转门和自动旋转门之分。普通转门为手动旋转结构，旋转方向为逆时针，自动旋转门又称圆弧自动门，采用声波、微波、外传感装置和计算机控制系统。转门的材质有铝合金、钢和钢木三种。

转门由外框、圆顶、固定扇和活动扇(三扇或四扇)四部分组成。其构造如图 7.23 所示。

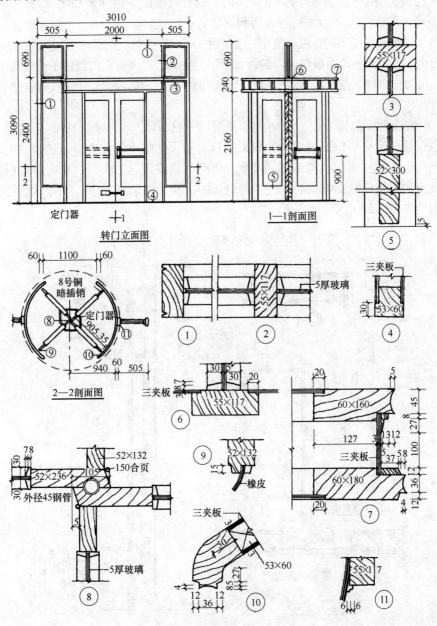

图 7.23　旋转门的构造(单位：mm)

3. 防火门

防火门是为适应建筑防火要求而发展起来的一种特种门，往往与建筑室内的烟感、光感、温感报警器和喷淋等防火报警装置配套设置，具有自动报警、自动关闭及防止火势蔓延等作用。主要用于高层建筑的防火分区、楼梯间和电梯间，也可安装于油库、机房及剧院等场所。

防火门产品须经中国消防产品质量认证委员会检查检验符合消防产品形式认可要求，批准发给产品形式认可证书，方可销售防火门。

1) 防火门的分类和耐火等级

防火门按材质不同，可分为钢质防火门、复合玻璃防火门和木质防火门等。按面材及芯材的不同，防火门可分为木质防火门和钢质防火门。

按防火门耐火极限不同，可分为甲、乙、丙三级。甲级防火门的耐火极限为 1.2h，乙级防火门的耐火极限为 0.9h，丙级防火门的耐火极限为 0.6h。甲级防火门门扇不设玻璃小窗，乙、丙级防火门可在门扇上设面积不大于 $200m^2$ 的玻璃小窗，玻璃为夹丝玻璃或复合防火玻璃。

2) 防火门构造

(1) 木质防火门的构造。木质防火门是采用木材或木材制品做门框、门扇骨架及门扇面板，内部填充耐火材料而成的。面板采用涂有防火漆的阻燃胶合板或镀锌铁皮，内填阻燃材料而成。木质防火门按构造做法不同，可分为铁皮镶包防火门、单面石棉板铁皮镶包防火门及双面石棉板铁皮镶包防火门，构造如图 7.24、图 7.25 所示。双扇木质防火门门扇搭接缝构造如图 7.26 所示。

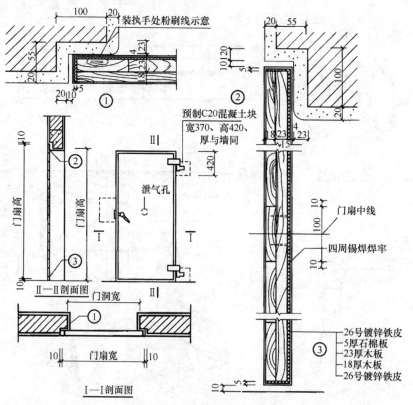

图 7.24 单面镶包木质防火门构造(单位：mm)

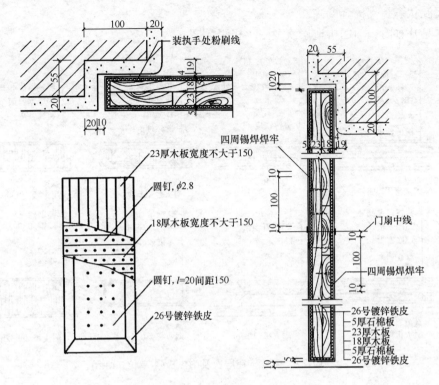

图 7.25　双面镶包木质防火门构造(单位：mm)

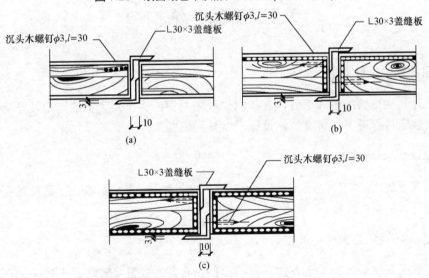

图 7.26　木质防火门门扇搭接缝构造(单位：mm)

(a) 双层木质外包镀锌铁皮门扇；(b) 双层木质单面石棉板外包镀锌铁皮门扇；

(c) 双层木质双面石棉板外包镀锌铁皮门扇

(2) 钢质防火门的构造。钢质防火门是采用优质冷轧钢板经冷加工成型。钢质防火门钢板厚度一般为门框 1.2～1.5mm，门扇 0.8～1.2mm 的优质钢板，表面涂有防锈剂。根据需要配置耐火轴承合页、不锈钢防火门锁、闭门器及电磁释放开关等。这种防火门整体性好，高温状态下支撑强度高。

常见几种防火门的构造层次及耐火极限如图 7.27 所示。

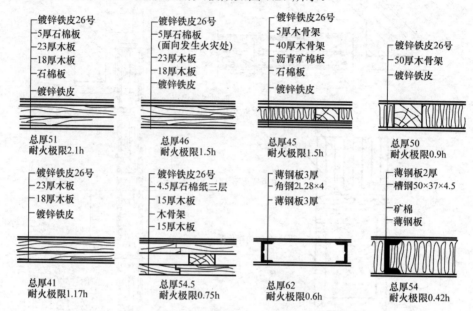

图 7.27　防火构造层次及耐火极限(单位：mm)

7.2　窗的装饰构造

7.2.1　窗的装饰设计要求

窗是建筑物重要的组成部分，在建筑设计中对窗的大小、类型的选用及开启方式等都应按有关规定进行考虑，装饰装修设计应以其为依据。

1. 围护方面的要求

作为重要的围护构件之一，窗应具有防风、防雨、隔声、隔热、保温及眺望等功能，可以提供舒适的室内环境。

2. 采光、通风方面的要求

窗是室内天然采光的主要方式，窗的面积和布置方式直接影响采光效果。在设计中，应选择合理的窗户形式和面积。通风换气主要依靠外窗，在设计中应尽量使内外窗的相对位置处于对空气对流有利的位置。

3. 窗的装饰要求

外窗是组成建筑立面的主要元素，其形式直接反映着建筑的风格。因此，窗的装修风格、形式及材料必须与建筑的使用功能、室外环境及周围建筑的风格相吻合。

7.2.2 窗的装饰构造

1. 窗的类型

窗按材料不同，可分为木窗、钢窗、铝合金窗和塑钢窗；按开启方式不同，可分为平开窗、推拉窗、悬窗和立式旋转窗等；按风格不同，可分为中国传统式、欧美传统式和现代式等，如图 7.28 和图 7.29。其中，中式传统风格窗外形美观、形式多样且装饰性强。

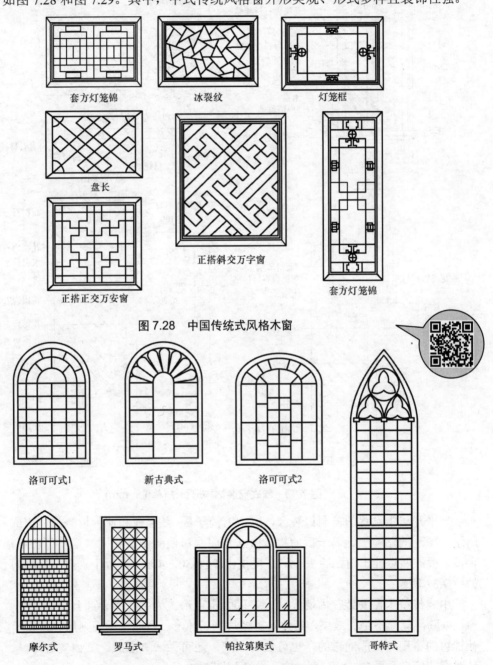

套方灯笼锦　　　冰裂纹　　　灯笼框

盘长

正搭斜交万字窗

正搭正交万安窗　　　套方灯笼锦

图 7.28　中国传统式风格木窗

洛可可式1　　　新古典式　　　洛可可式2

摩尔式　　　罗马式　　　帕拉第奥式　　　哥特式

图 7.29　欧美传统式风格木窗

2. 窗洞口装饰与窗套

欧式窗多用于建筑外墙与立面风格统一。因此，装修上外窗套与其他装饰方法不同，多采用石材或用欧式成品构件安装装饰系列，如图 7.30 所示。

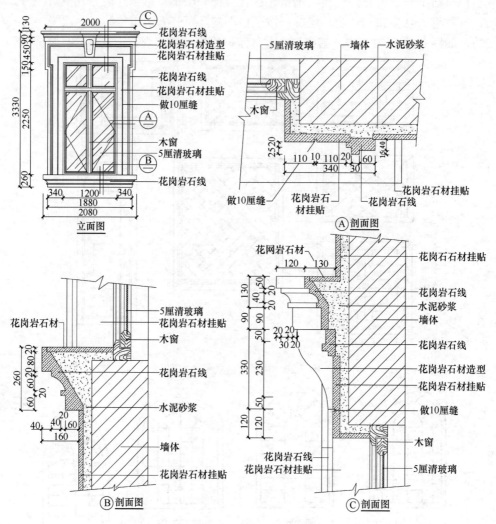

图 7.30　欧式窗装饰构造做法(单位：mm)

外平开居中设置的窗洞口装饰一般由窗筒子板、贴脸板和窗台板等部分组成，如图 7.31 所示。窗洞的贴脸板、筒子板的构造做法与门洞口门套做法相同。窗户可在下槛内侧设窗台板，板的两端伸出窗贴脸板少许，再挑出墙面 30～40mm，板下设封口板或钉压缝线脚，如图 7.32 所示。

中式传统木窗安装在内墙上时，多以固定窗形式为主，主要起到装饰效果，称为什锦窗，以取得隔而不绝的效果，其外形有多边形、环形、扇形与不规则形等，如图 7.33 所示。什锦窗的窗扇可做成通透的，也可安装玻璃，还可做成夹层式，其内安装灯具。什锦窗安装时周边应向贴脸(类似窗套)，构造做法如图 7.34 所示。

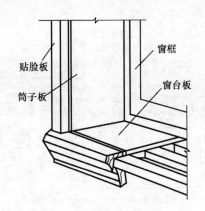

图 7.31　窗洞口装饰的组成

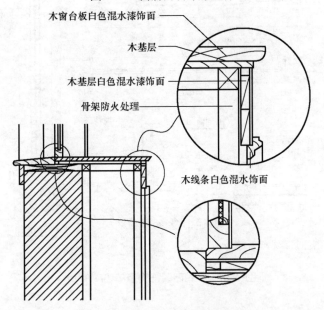

图 7.32　窗台板的构造

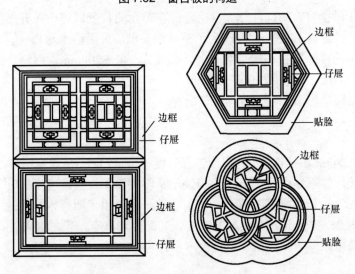

图 7.33　什锦窗形式

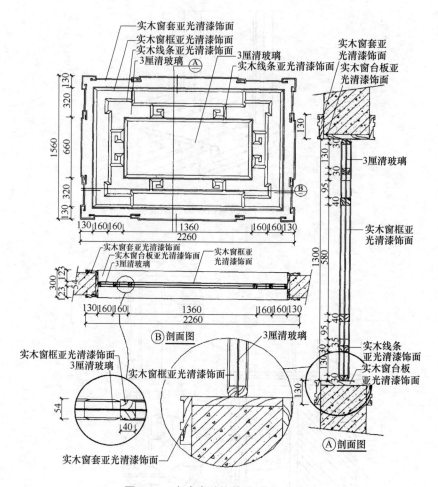

图 7.34　中式窗装饰构造(单位：mm)

7.2.3　窗帘盒

用于隐蔽和吊挂窗帘的构件称为窗帘盒。窗帘盒的长度以窗帘拉开之后不遮挡窗口为准，一般每侧伸过窗口 150mm，有时为了整体性要求，采用沿墙通长设置。其开口宽度往往与所选用窗帘的厚薄和窗帘的层数有关，一般为 140～200mm，而开口深度则以能遮盖窗帘轨道及附件为准，一般为 100～150mm。

窗帘盒根据吊挂窗帘的构造分为以下两种。

1. 棍式

采用 φ18～22mm 不锈钢管、铜棍或铝合金棍等做窗帘杆，吊挂窗帘布，当跨度不大时，这种方式具有较好的刚性，适合于 1.5～1.8m 跨度的窗子，当跨度增加时需在中间增加支点，如图 7.35 所示。除金属窗帘杆外，目前还有一种采用优质硬木制成的车木窗帘杆，这种窗帘杆直径为 25～35mm，有较好的刚度，其配件均具有一定的装饰性，故可起到较好的装饰作用，采用此种木制窗帘杆不设窗帘盒。

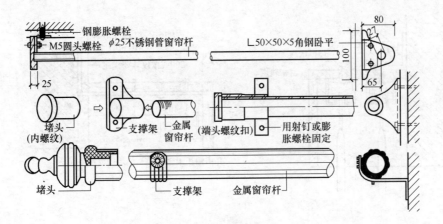

图 7.35 窗帘杆形式

2. 轨道式

目前，常用铝合金制成的小型轨道，轨道断面有多种形式，由于轨道上装有铜质或尼龙小轮，故拉扯窗帘十分轻便。金属轨道如图 7.36 所示。

图 7.36 金属轨道形式

金属轨道一般设置在窗帘盒内，窗帘盒一般均为木制，三面用 25mm×(100~150)mm 板材镶成。根据有无吊顶及吊顶的高低情况，又可分为明式窗帘盒和暗式窗帘盒。窗帘盒的连接固定如图 7.37 所示。

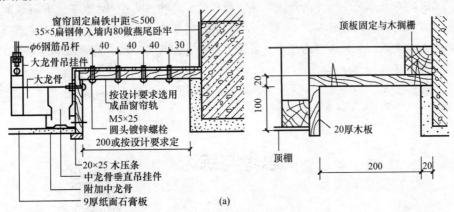

(a)

图 7.37 窗帘盒的连接构造(单位：mm)

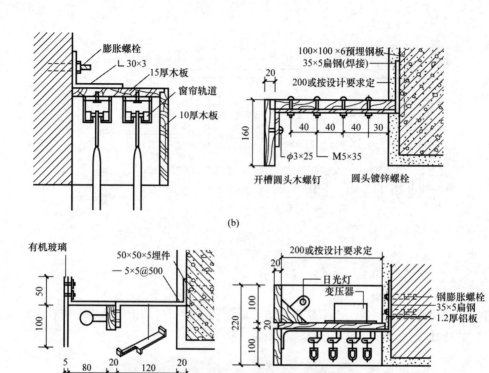

(b)

(c)

图 7.37　窗帘盒的连接构造(单位：mm)(续)

(a) 暗装窗帘盒；(b) 明装窗帘盒；(c) 灯光窗帘盒

课 题 小 结

　　门窗是建筑物采光、通风的固定设施，门窗的装饰构造从外形和构造上种类较多，设计选择时应注意与墙面、柱面、吊顶、地面等各处的装饰风格相统一，并考虑建筑功能与其所在部位的要求。装饰构造着重对应用较多的门窗套及装饰木门扇的装饰构造分别结合应用实例进行了详细的介绍。

　　门的装饰构造方面，要求熟悉木门的装饰构造并能进行装饰构造设计。

思 考 与 练 习

一、填空题

1. 在现代装饰工程中，装饰木门因其具有品种丰富、造型多变、天然的纹理且装饰性强等特点，从而在室内装饰工程中得到广泛的应用。装饰木门是由＿＿＿＿＿＿、＿＿＿＿＿＿和五金配件等组成的。

2．装饰木门扇按材料与构造方式不同，常用的主要有＿＿＿＿＿＿和＿＿＿＿＿＿两类。

3．在装饰工程中，防火门按材质的不同，可分为＿＿＿＿＿＿、复合玻璃防火门和＿＿＿＿＿＿等。

4．防火门按防火门耐火极限分为甲、乙、丙三级，甲级防火门的耐火极限为＿＿＿＿＿＿，乙级防火门的耐火极限为＿＿＿＿＿＿，丙级防火门的耐火极限为＿＿＿＿＿＿。

5．钢质防火门采用优质冷轧钢板经冷加工成型。钢质防火门钢板厚度一般为：门框1.2～1.5mm，门扇＿＿＿＿＿＿mm的优质钢板，表面涂有＿＿＿＿＿＿。

6．窗帘盒的长度以窗帘拉开之后不遮挡窗口为准，一般每侧伸过窗口＿＿＿＿＿＿mm，有时为了整体性要求，采用沿墙通长设置。

二、简答题

1．门的装饰要求是什么？

2．门套的作用有哪些？绘制出无门框门套的构造图。

3．某窗户设置窗帘盒如图7.38所示，试按照有关构造要求补充完成图中所缺尺寸。

图7.38　窗帘盒

技 能 实 训

1．实训项目

(1) 某宾馆客房平面图如图7.39所示，客房及卫生间门M1、M2均为木质装饰门，试根据环境条件对门M1、M2进行装饰设计。

(2) 门洞口尺寸为800mm×2100mm，门扇为单扇门。

2．实训目的

(1) 能够根据使用功能设计出装饰效果较好的木门造型，掌握装饰木门及门套施工图的绘制及细部构造设计。

(2) 根据环境特征进行窗帘盒造型设计，并能进行窗帘盒装饰施工图的绘制及细部构造设计。

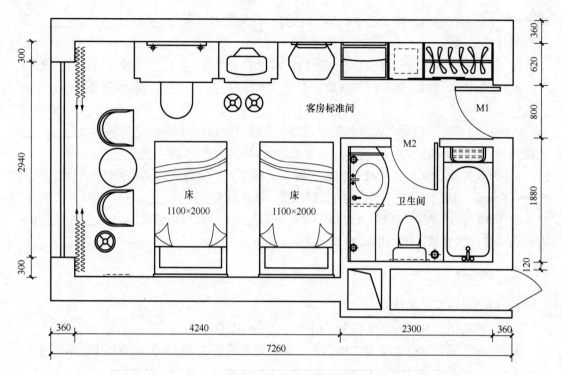

图 7.39　客房平面布置图

3. 实训内容及要求

完成以下内容设计，以 A3 图纸绘制，比例自定。要求达到施工图深度。

(1) M1、M2 木装饰门立面设计。

(2) M1、M2 门套及门框细部构造详图。

(3) 绘制木装饰门横剖面详图。

(4) 对窗帘盒进行构造设计并绘制详图。

课题 8

楼梯及服务台装饰构造

学习目标

本课题主要对建筑装饰装修工程中的楼梯、电梯、自动扶梯以及服务台等的装饰构造进行学习。主要掌握楼梯的装饰构造设计、掌握服务台、收银台等的装饰构造。

学习要求

知 识 要 点	能 力 目 标
(1) 楼梯、电梯、自动扶梯组成 (2) 楼梯踏步饰面构造 (3) 楼梯栏杆、栏板和扶手的装饰构造 (4) 电梯、自动扶梯的装饰构造	(1) 掌握楼梯的装饰构造设计内容 (2) 熟悉楼梯踏面细部的装饰构造处理方法 (3) 能进行楼梯栏杆、栏板的装饰构造设计 (4) 学会电梯门套的装饰构造设计 (5) 了解自动扶梯的装饰构造设计内容
(1) 服务台、收银台的装饰构造 (2) 店面招牌、灯箱等的装饰构造	(1) 掌握服务台、收银台等的装饰构造及连接节点构造 (2) 熟悉店面招牌装饰构造

导入案例

　　楼梯、电梯、自动扶梯等，它们作为建筑物的重要组成之一，在建筑装饰装修工程中，其造型、色彩和材质对建筑的装饰效果影响很大。各种形式的楼梯、电梯和自动扶梯如图 8.1 所示。那么，如何合理考虑这些部位的装饰构造设计呢？装饰构造又有哪些常用的做法？

(a)　　　　　　　　　　　　　　　　　　(b)

(c)

图 8.1　各种形式的楼梯、电梯和自动扶梯

(a) 自动扶梯；(b) 室内楼梯；(c) 明发商业广场 C 区效果图(观光电梯、楼梯、自动扶梯)

8.1 楼梯、电梯的装饰构造

　　楼梯、电梯是建筑中上下通行疏散的交通设施，在整个建筑室内空间中起着组织交通流线的作用，也是室内重点装饰的内容。楼梯的装饰内容主要有踏步、栏杆、栏板和扶手。电梯的装饰主要是电梯的门套装饰构造。

8.1.1 楼梯及电梯

　　楼梯及电梯作为建筑中楼层之间的交通联系设施，其形式多种多样。

1. 楼梯

　　楼梯一般由楼梯段、平台、栏杆(或栏板)扶手三大部分组成，如图 8.2 所示。

2. 电梯

　　电梯属于厂家定型产品，一般由专业电梯厂家承担电梯设计、施工安装、装配调试等。电梯通常由机房、井道、轿厢三大部分组成，如图 8.3 所示。

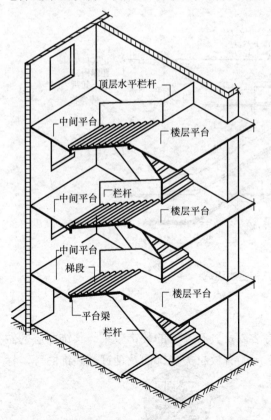

图 8.2　楼梯的组成

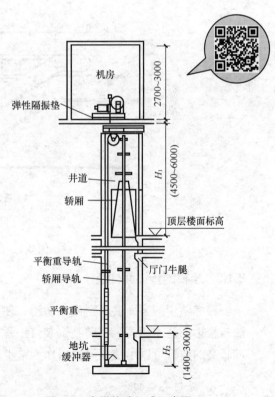

图 8.3　电梯构造组成示意图

3. 自动扶梯

自动扶梯主要适用于车站、空港、商场等人流量大的建筑空间，是连续运输效率高的载客设备。自动扶梯和电梯一样属于厂家定型产品。一般由电动机、梯级踏步、扶手、栏板、桁架侧面、底面外包层、护栏等组成，如图8.4所示。

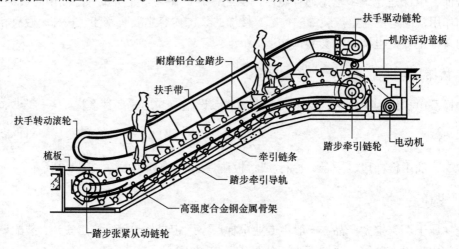

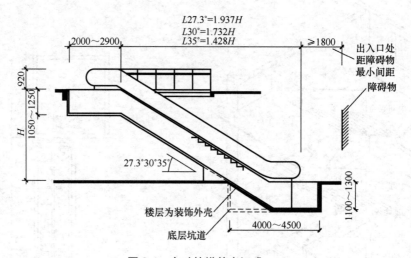

图8.4　自动扶梯基本组成

8.1.2　楼梯踏步饰面构造

楼梯踏步的表面要求耐磨、防滑、便于清洁以及具有良好的装饰效果。其饰面层的做法与楼地面基本相同，目前装饰装修工程中常用的有板材类装饰面及铺钉类装饰面等，标准较高的建筑可以用地毯等材料作为踏步面层。

1. 板材类饰面

作为踏步饰面板材，常用材料的有花岗石、大理石、水磨石及人造石板等，厚度一般

为 20mm，以一踏面或踢面为一整块，用水泥砂浆直接粘贴在踏面或踢面上，在踏口处做防滑处理，如图 8.5 所示。

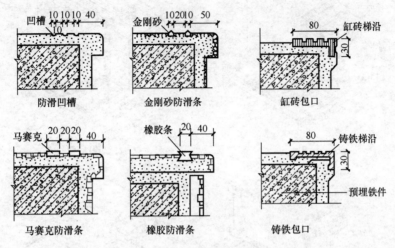

防滑凹槽　　　　金刚砂防滑条　　　　缸砖包口

马赛克防滑条　　橡胶防滑条　　　　铸铁包口

图 8.5　楼梯防滑构造

2. 铺钉类饰面

人流量较小的室内楼梯常用铺钉装饰，主要饰面材料有硬木板、塑料、铝合金及不锈钢等。铺钉的方式目前常采用实铺式，如图 8.6 所示。

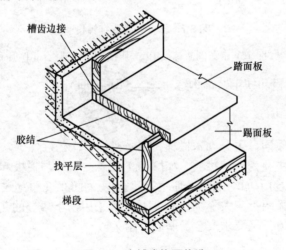

图 8.6　实铺式饰面构造

3. 地毯铺设

在高级的公共建筑中，如宾馆、饭店、高级写字楼及别墅等场所的楼梯常用地毯铺设。地毯铺设的优点是走感舒适，隔声效果好。

踏步地毯铺设形式一般采用连续式。即地毯从一个楼层不间断的顺踏步铺至上一楼层面，又可分为卡条连续铺设、卡条间断铺设、压毯杆连续铺设及压毯板连续铺设四种，如图 8.7 所示。

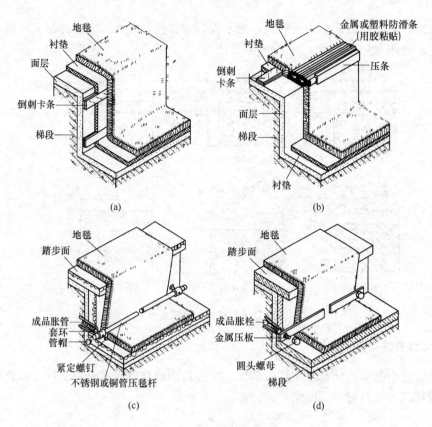

图 8.7 踏步地毯连续铺设

(a) 卡条连续铺设；(b) 卡条间断铺设；(c) 压毯杆连续铺设；(d) 压毯板连续铺设

8.1.3 楼梯栏杆、栏板和扶手装饰构造

1. 楼梯栏杆、栏板

楼梯栏杆按材料不同，可分为木栏杆、钢质栏杆及铁艺栏杆等，如图 8.8 所示。楼梯栏板中装饰性较强的主要为玻璃栏板，如图 8.9 所示。栏杆与栏板起着安全围护和装饰的作用，在儿童活动的场所(如幼儿园、住宅等建筑)，为防止儿童穿过栏杆空当发生危险事故，栏杆垂直杆件间净距不应大于 110mm，且不能采用易于攀登的花饰。因此，既要求楼梯栏杆、栏板美观大方，又要求安全、坚固、耐久。

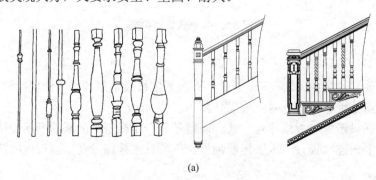

(a)

图 8.8 楼梯栏杆形式

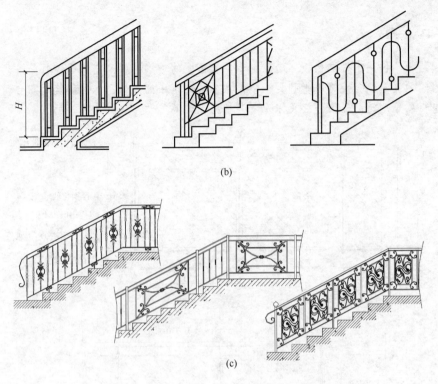

(b)

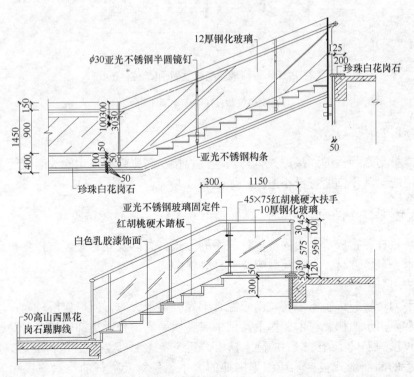

(c)

图 8.8 楼梯栏杆形式(续)

(a) 木栏杆形式；(b) 钢质栏杆形式；(c) 铁艺栏杆形式

图 8.9 楼梯玻璃栏板形式(单位：mm)

知识链接

玻璃栏板不仅用于楼梯栏板，而且由于通长透明的玻璃护栏，空间通透且简洁，使公众不会产生阻隔的感觉，其装饰效果别具一格，在公共建筑中的走廊、居住建筑的阳台、天井平台等部位也得到了广泛的应用，故又称为玻璃栏河或玻璃护栏，如图 8.10 所示。

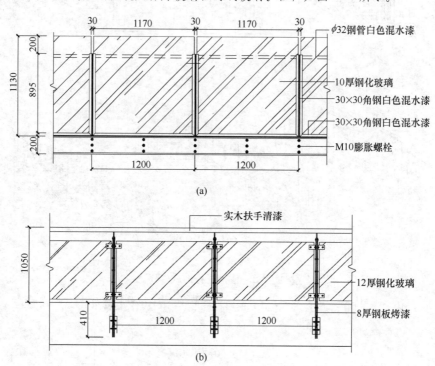

图 8.10   走廊玻璃栏板立面图(单位：mm)

(a) 玻璃栏板(1)；(b) 玻璃栏板(2)

2. 栏杆的固定

栏杆立杆与踏步板的连接方式有与预埋件焊接、膨胀螺栓或用螺纹套接等方式。连接方式的选用应与踏步饰面材料相适应，如图 8.11 所示。

3. 扶手的形式及其连接

扶手是栏杆、栏板最上面的部件，扶手的形式、质感及尺寸必须与栏杆相适应。扶手一般用硬木、金属管材、石材及硬塑料等材料制作。

1) 木扶手

木扶手为传统装饰制作工艺，由于温暖感好且美观大方，所以应用较为广泛。木扶手高档装饰常采用水曲柳、柞木、榉木及柚木等高档硬木，普通装饰则使用白松、红松及杉木等质地较软的木材。清漆饰面的硬木扶手，还应考虑木料纹理及色泽的一致性。

木扶手的断面形式很多，应根据楼梯的大小、位置及栏杆的材料与式样来选择，如图 8.12 所示。

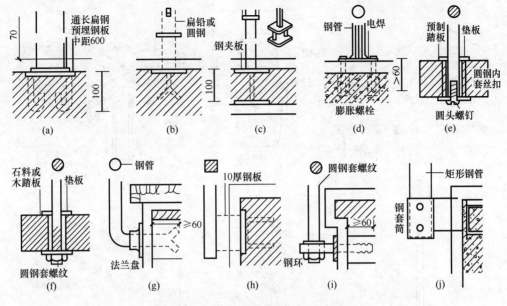

图 8.11 栏杆固定方式(单位：mm)

(a) 与通长扁钢焊接；(b) 与预埋钢板焊接；(c) 与预埋夹板焊接；

(d) 立杆焊在底板上用膨胀螺栓锚固底板；(e) 立杆插入预埋套管用螺钉拧固；

(f) 立杆穿过预留孔用螺母拧固；(g) 立杆埋入踏板侧面预留孔内；

(h) 立杆在踏板侧面钢板上；(i) 立杆穿过预埋钢环用螺母拧固；

(j) 立杆插入钢套筒内用螺钉拧固

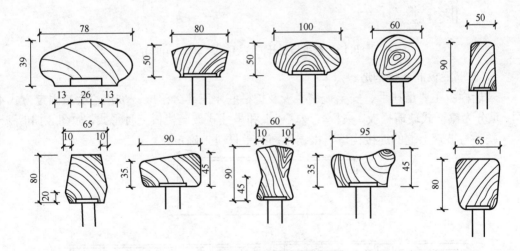

图 8.12 木扶手断面形式

2) 扶手与栏杆的连接

当采用木扶手或塑料扶手时，一般在栏杆立杆顶部焊接一根通长扁铁，然后用木螺钉将扶手与扁铁相连接。金属扶手与金属栏杆的连接一般采用焊接或铆接，如图 8.13 所示。

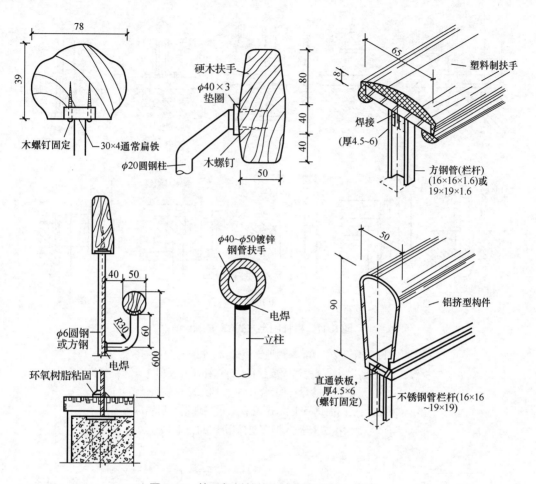

图 8.13 扶手与栏杆的连接构造(单位：mm)

3) 玻璃栏板的连接构造

玻璃栏板主要由扶手、安全玻璃栏板及护栏底座三部分组成。玻璃栏板按固定方式不同，可分为镶嵌式玻璃栏板、夹板式玻璃栏板和吊挂式玻璃栏板三种形式，如图 8.14 所示。扶手与玻璃上端的连接构造，根据不同扶手材料来确定。

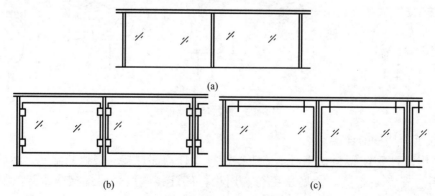

图 8.14 玻璃栏板按固定方式

(a) 镶嵌式玻璃栏板；(b) 夹板式玻璃栏板；(c) 吊挂式玻璃栏板

木扶手与玻璃栏板的连接构造如图 8.15 所示。

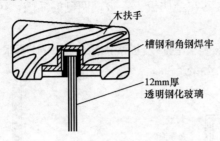

图 8.15　木扶手与玻璃栏板的连接构造

(1) 扶手与玻璃上端连接构造。对于不锈钢、铜管等金属管材扶手，为了保证扶手刚度及安装玻璃栏板的需要，常在圆管内部加设型钢，型钢应与外表圆管焊成整体，如图 8.16 所示。

(2) 栏板构造。对于夹板式玻璃栏板与立柱的连接应通过专用的玻璃驳接件或通过玻璃上开孔用螺栓与外夹钢板连接牢固，如图 8.17 所示。

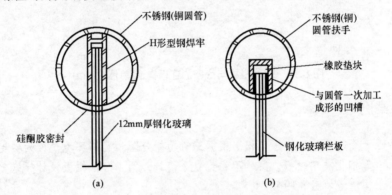

图 8.16　金属管材与玻璃栏板的连接构造

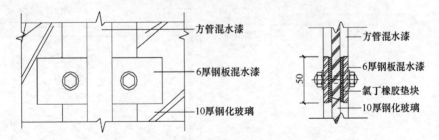

图 8.17　夹板式玻璃栏板与立柱的连接构造(单位：mm)

(3) 底座构造。玻璃护栏的底座，一是为解决立柱固定，更主要的是为解决玻璃固定和踢脚部位的饰面处理。常用的构造做法如图 8.18(a)所示，在底座一侧固定角钢，另一侧用一块与角钢长度相等的 6mm 钢板，然后在钢板钻孔，安装玻璃时，玻璃与铁板之间填上氯丁橡胶板，拧紧螺钉将玻璃固定。另一种固定方法如图 8.18(b)所示，采用角钢焊成的连接铁件，考虑玻璃的厚度，在两条角钢之间留出适当的间隙，再加上每侧 3.5mm 的填缝间距。固定玻璃的铁件高度应不小于 100mm，铁件的布置中距不宜大于 450mm，玻璃下应用氯丁橡胶块垫起，不能直接落在金属板上，玻璃两侧的间隙，可以用氯丁橡胶块将玻璃夹紧，上面注入硅酮密封胶。

踢脚板饰面处理(包括材料、色彩及规格)应按室内设计要求进行施工。

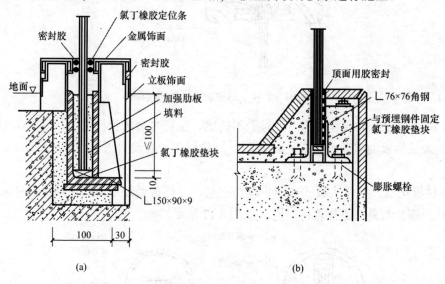

图 8.18 玻璃栏板与底座的连接构造(单位：mm)

 应用案例

某科技中心大楼建筑装饰装修工程，根据建筑功能分区和装饰环境，该大楼走道装饰装修设计采用 12mm 厚钢化玻璃栏板、磨砂不锈钢扶手装饰，两个分区栏板设计样式分别为两种形式，其装饰施工构造图如图 8.19 所示。

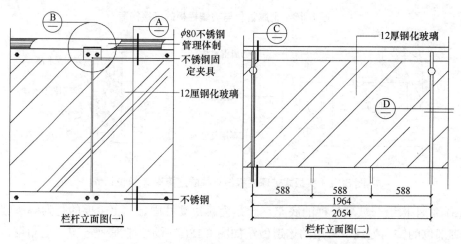

图 8.19 走道玻璃栏板装饰构造(单位：mm)

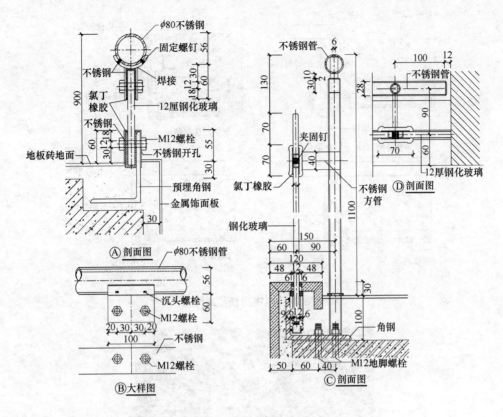

图 8.19　走道玻璃栏板装饰构造(单位：mm)(续)

8.1.4　电梯、自动扶梯装饰构造

电梯是多层、高层建筑及公共建筑中不可缺少的垂直交通设施,分为客梯、观光电梯、货梯和消防电梯等。电梯设计、施工、安装及装配由专业电梯公司承担。建筑设计人员只需根据电梯厂家的定型产品选型后,再进行电梯井道设计。

电梯装饰装修的重点是对电梯门套进行处理,其电梯门套构造做法与电梯大厅的装饰风格要统一协调。目前,常用的电梯门套饰面材料有大理石或花岗石饰面、金属饰面、防火板饰面等,如图 8.20 所示。

自动扶梯属于厂家定型产品,自动扶梯主要是对扶梯的栏板和底板的装修。装修的风格应与所处的环境相呼应,同时突出扶梯并使其具有现代感。

自动扶梯栏板形式有全玻璃栏板、半玻璃栏板、金属装饰栏板及装饰板栏板等种类。自动扶梯的底板应采用美观、防火、耐磨、防腐的金属板或复合金属板吊顶,板缝用金属条或硅胶进行密缝,如图 8.21 所示。

 应用案例

某宾馆电梯连接走道与大堂相连,大堂墙面采用干挂石材作为装饰饰面,电梯门套设计与大堂相协调,也采用干挂石材饰面,施工工艺相同,其装饰施工构造图如图 8.22 所示。

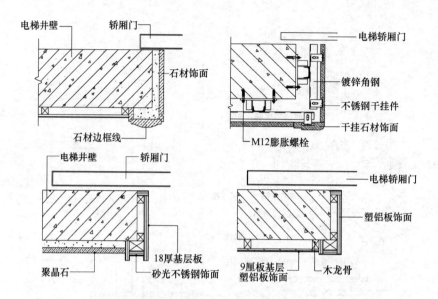

图 8.20　电梯门套装饰构造

图 8.21　自动扶梯装饰示意图

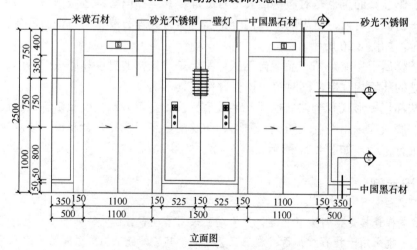

图 8.22　干挂石材电梯门套构造做法(单位：mm)

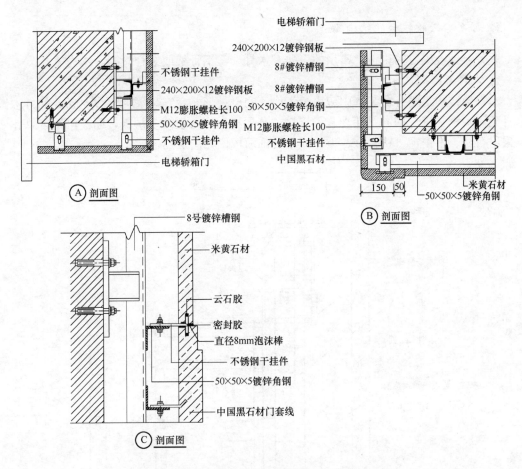

图 8.22　干挂石材电梯门套构造做法(单位：mm)(续)

8.2　服务台、招牌设施装饰构造

各类商业建筑、旅馆酒店及银行等公共建筑中，服务台、吧台及收银台是必不可少的设施，是服务人员接待顾客，与顾客进行交流的地方，其构造设计必须首先满足使用功能要求。

8.2.1　服务台、收银台装饰构造

接待服务台或收银台主要作用是问讯、接待与登记等，由于兼有书写功能，所以比一般柜台高，其高度为 1100～1200mm。接待服务台总是处于大堂等显要位置，设计与施工过程中应重点考虑，着重处理，以突出其重要性。所以，装饰装修的档次要求很高，所用的材料及构造做法都需要考虑周到。设计时应处理好灯光的选择及布置，并应与大堂的总体效果相协调。

1. 服务台或收银台的结构构造

服务台或收银台的构造，常用的主要有木骨架、钢骨架或组合骨架等结构体系。

1) 木骨架结构

木骨架结构是服务台装饰中应用最为广泛的一种形式。它是采用 30～50mm 的方木做木骨架，木框立梃与横向贯通龙骨的连接，基层板用大芯板或多层板，面板可结合总体效果采用石材、不锈钢、钛合金、玻璃或木质饰面板，如图 8.23 所示。

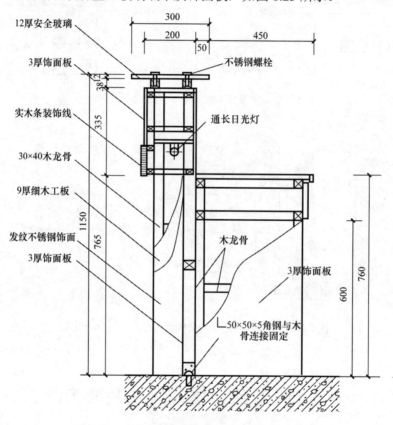

图 8.23　木骨架结构服务台示意图(单位：mm)

2) 钢骨架结构

钢骨架结构，具有强度高，组合方便，适应不同的长度和悬挑的台架要求。常用角钢、方管焊制，先焊制成框架，再进行定位安装固定。钢架与墙面、地面的固定在没有预埋铁件时用膨胀螺栓直接固定。安装固定后，涂刷防锈漆两遍，如图 8.24 所示。

2. 服务台或收银台连接节点构造

1) 钢骨架与地面连接

钢骨架与地面的连接通常用 M10～M16mm 膨胀螺栓固定，如图 8.25 所示。

2) 砖砌体或混凝土结构与木质饰面连接构造

在砖砌体或混凝土结构设置木砖，木板或木方条与预埋木砖连接构成饰面板基层，如图 8.26 所示。

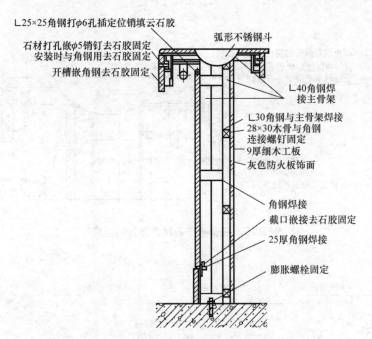

图 8.24　钢骨架结构服务台示意图(单位：mm)

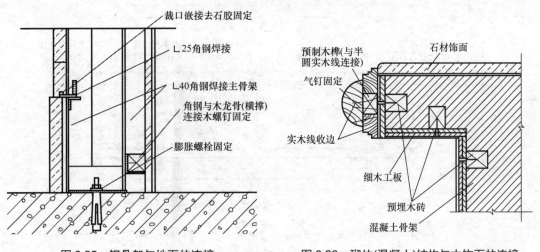

图 8.25　钢骨架与地面的连接　　　　图 8.26　砌体(混凝土)结构与木饰面的连接

3) 钢骨架与石材饰面连接

在钢骨架上镶贴石材可以采用直接用金属配件勾挂石材面板，再加入云石胶及销钉辅助固定，类似于石材干挂做法，如图 8.27 所示。

 应用案例

某学院商务服务中心大楼，按对外服务宾馆标准进行装修设计，其大厅接待服务台装饰构造如图 8.28 所示。

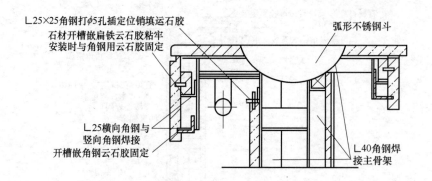

L25×25角钢打φ5孔插定位销填运石胶
石材开槽嵌扁铁云石胶粘牢
安装时与角钢用云石胶固定

弧形不锈钢斗

L25横向角钢与
竖向角钢焊接
开槽嵌角钢云石胶固定

L40角钢焊
接主骨架

图 8.27　钢骨架与石材饰面板的连接

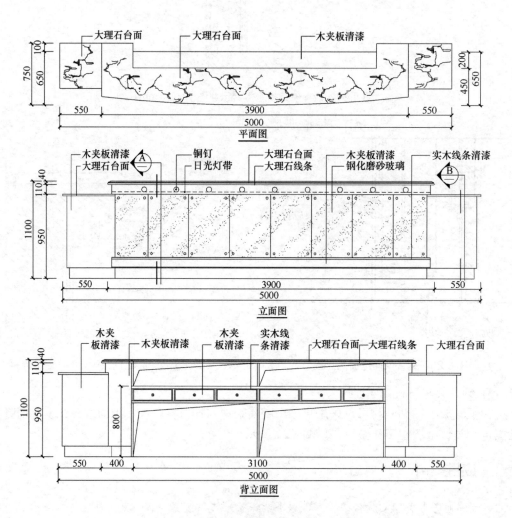

大理石台面　　大理石台面　　木夹板清漆

平面图

木夹板清漆　铜钉　大理石台面　木夹板清漆　实木线条清漆
大理石台面　日光灯带　大理石线条　钢化磨砂玻璃

立面图

木夹
板清漆　木夹板清漆　木夹
板清漆　实木线
条清漆　大理石台面　大理石线条　大理石台面

背立面图

图 8.28　服务台装饰构造实例(单位：mm)

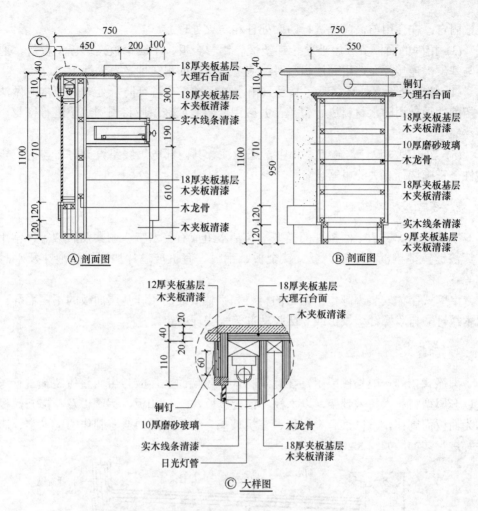

图 8.28　服务台装饰构造实例(单位：mm)(续)

8.2.2　店面招牌构造

招牌作为店面的重要组成部分，起着标记店名、装饰店面、吸引和招徕顾客的作用。

招牌的外观形式多种多样，按外形、体量不同，可分为平面招牌和箱体招牌；按安装方式不同，又可分为附贴式、外挑、悬挂式及直立式等。

1. 招牌的构造要求

招牌构造包括骨架、基层板及面板等，其具体构造要求如下。

(1) 招牌的骨架有钢结构骨架(用角钢制作)、木制骨架及铝合金骨架，其材料的断面和间距可根据具体情况进行确定。钢结构骨架与墙体的固定可通过将骨架与金属膨胀螺栓进行焊接来实现，同时，钢结构骨架应做好防锈处理；铝合金骨架的固定应通过金属连接件进行固定，金属连接件由金属膨胀螺栓固定于墙上，铝合金方管与金属连接件之间由螺栓进行固定连接；木制骨架在室外很少使用。

(2) 招牌的基层板多采用胶合板及细木工板(大芯板)等，其通过螺钉或螺栓与骨架进行连接固定。在使用前，应先进行防腐处理和防火处理。

(3) 招牌的面板多采用玻璃、铝塑板、铝合金板、不锈钢板及彩色钢板等，通过胶粘剂与基层板连接。在选用面层材料时，应考虑材料的耐久性及耐候性。

(4) 招牌处于室外环境时，易受到雨水的侵蚀，应进行防水处理。通常的做法是在广告招牌的顶部用防水材料进行覆盖，并应用密封胶或玻璃胶将周围缝隙进行密封，以保证不渗漏。

(5) 在招牌的设计与施工过程中，还应注意其内部电气线路设计与布置的安全性和可靠性，正确选择有关的电器设备。

2. 字牌式招牌构造

字牌式招牌属于平面招牌的类型，其基本组成有美术字、图案及店徽等，常用的材料有烤漆镀锌薄钢板、不锈钢板、钛金板、铜板、有机玻璃片加聚氨酯泡沫及水晶有机玻璃等。

字牌式字体安装因制作所采用的材料和字体安装的招牌基层面板的不同而异。通常可用木螺钉、自攻螺钉、氯仿或 502 胶粘剂等来实现固定。

3. 雨篷式招牌构造

雨篷式招牌一般外挑或附贴在建筑物入口处墙面上，应与店面整体装饰进行考虑。它是以金属型材和木材做骨架，以木板、铝合金板、PVC 扣板、铝塑板及花岗石薄板等材料作为面板而制作，再以镶有金属板、有机玻璃、有机片及塑料等制作的美术字、店徽及饰件等进行装饰，如图 8.29 所示。

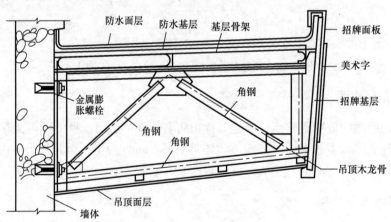

图 8.29　雨篷式招牌的构造示例

4. 灯箱式招牌构造

灯箱是以悬挂、悬挑或附贴方式支撑在建筑物上，其内部装有灯具，面板用透明材料制成。通过灯光效果，强烈地显示出店徽、店面或广告内容，从而突出店面的识别性、装饰性，更有效地吸引顾客。

灯箱式招牌的构造做法与其他形式有所不同。按照灯箱大小不同，其骨架一般用金属

型材(如角钢或铝合金型材)或木方制作，以有机灯箱片、玻璃贴窗花及霓虹灯管等材料做饰面，再以铝合金角线和不锈钢角线包覆装饰灯箱边缘。灯箱的构造要充分考虑灯具维修及更换的需要，如图 8.30 所示。

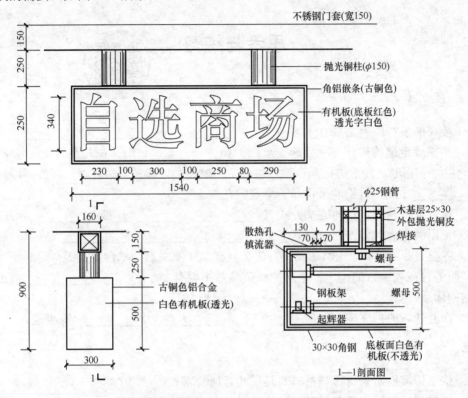

图 8.30　灯箱构造实例(单位：mm)

课 题 小 结

　　本课题主要对装饰装修工程中一些局部装饰部位的构造进行介绍，内容比较分散，主要包括：楼梯、电梯、自动扶梯、服务台、店面招牌等装饰构造。

　　楼梯是建筑物的垂直交通设施，楼梯的装饰装修部位主要有楼梯踏步、踏口、栏杆(板)及扶手。目前楼梯踏步面的装饰常用地板砖、石材、实木铺钉和地毯等饰面。踏口的装修是为了防滑而采取的措施。栏杆既是保证安全的构件，也是楼梯的主要装饰部位。因此，栏杆既要有一定的承载能力，又要有较好的装饰效果。栏杆或栏板与扶手和楼梯踏面的可靠连接是人在楼梯上行走安全的保证，结合当今现代装饰对栏杆(板)的常用形式及连接构造做法等需要重点掌握。

　　电梯、自动扶梯是公共建筑、多层和高层建筑必备的垂直交通设施，根据电梯厂家的定型产品选型后，装饰装修的重点是对电梯门套进行处理，使其电梯门套构造做法与电梯大厅的装饰风格统一协调。

　　服务台、招牌设施是各类商业建筑、旅馆酒店及银行等公共建筑中服务台、吧台及收银台必不可少的设施，应重点掌握各种材料之间的连接构造做法。

思考与练习

一、填空题

1. 楼梯的装饰内容主要有_____、_____、_____和_____。

2. 楼梯或走道的栏杆与栏板起安全围护和_____作用，在儿童活动的场所(如幼儿园、住宅等建筑)，为了防止儿童穿过栏杆空当发生危险事故，栏杆垂直杆件间净距不应大于_____mm，且不能采用易于攀登的花饰。

3. 栏杆立杆与踏步板的连接方式有_____、_____或_____等方式。

4. 常用的电梯门套饰面材料有_____、_____、_____等。

5. 各类商业建筑、旅馆酒店及银行等公共建筑中服务台、吧台及收银台是必不可少的设施，服务台或收银台的构造，常用的骨架体系主要有_____、_____或组合骨架等结构体系。

6. 商业建筑的招牌构造包括_____、_____及_____等组成。

二、简答题

1. 扶手护墙板常采用哪些材料？其尺寸有何要求？
2. 楼梯栏杆可采用哪些材料？这些材料各有哪些装饰特点？
3. 普通转门与自动旋转门有何差别？在构造上有何特点？
4. 招牌的构造要求有哪些？

技 能 实 训

【实训课题一】装饰楼梯参观实训。

1. 实训目的

通过实地参观考察，使学生认识装饰楼梯的种类和构造形式，并观察不同装饰材料的楼梯不同的构造做法。

2. 实训条件

任课教师选定本地区楼梯材料市场中具有代表性的三种楼梯造型，给出对楼梯参观认识大纲及要求。

3. 实训内容及要求

(1) 任课老师带领学生实地参观或观摩，进行现场讲解。

(2) 要求学生手绘出楼梯(或电梯、自动扶梯)、服务台等样式及构造图示不少于 3 幅，并配适当的简要文字说明，要求图文并茂。

【实训课题二】某酒吧厅酒吧台装饰构造设计。

1. 实训项目

某酒吧厅酒吧台根据室内布置形式，拟采用的酒吧台平面形式如图 8.31 所示，试根据功能及环境条件，完成此吧台的装饰构造设计。

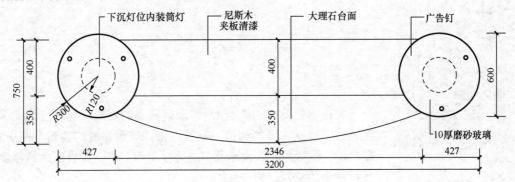

下沉灯位内装筒灯　　尼斯木夹板清漆　　大理石台面　　广告钉　　10 厚磨砂玻璃

图 8.31　酒吧台平面形

2. 实训目的

服务台、吧台等是一些服务性建筑装饰中的配套设施，多采用视觉效果较好，耐磨性好、抗冲击性强且易清洁的饰面材料。通过吧台装饰施工图的设计项目技能实训，能够根据功能特征，设计出装饰效果好的服务台，达到掌握服务台、吧台等构造设计及绘制出细部构造图的目的。

3. 实训内容及要求

完成下列内容构造设计，以 A3 图纸绘制，比例自定。要求达到施工图要求。

(1) 吧台正立面图、背立面图。

(2) 吧台剖面详图。

(3) 吧台细部构造详图。

课 题 9

建筑幕墙装饰构造

学习目标

　　明确建筑幕墙的类型，熟悉玻璃幕墙的组成及材料性能要求，熟悉框式玻璃幕墙的构造，掌握点支式玻璃幕墙的构造，掌握金属幕墙、石材幕墙的构造及节点连接处理内容，并具备金属幕墙、石材幕墙的应用能力。

学习要求

知 识 要 点	能 力 目 标
(1) 建筑幕墙的类型、组成及特点 (2) 玻璃幕墙的组成及材料 (2) 框式玻璃幕墙的构造 (3) 全玻璃幕墙的构造 (4) 点支式玻璃幕墙的构造	(1) 明确幕墙的类型、特点及应用 (2) 掌握玻璃幕墙的组成及材料要求 (3) 熟悉框式玻璃幕墙的构造 (4) 掌握全玻璃幕墙的构造 (5) 掌握点支式玻璃幕墙的构造及应用
(1) 金属板幕墙的种类 (2) 金属板幕墙的安装构造 (3) 金属板幕墙节点的构造与处理	(1) 掌握金属板幕墙的种类 (2) 能够绘制金属板幕墙构造图 (3) 熟悉金属板幕墙节点的构造与处理
(1) 石材幕墙的材料选择及构造要求 (2) 石材幕墙的构造	(1) 会选择石材幕墙的材料并明确构造要求 (2) 掌握石材幕墙构造图的绘制

导入案例

建筑幕墙在中国发展非常迅速，现已成为世界上应用幕墙最多的国家，成为世界上最大的幕墙市场。图 9.1 所示建筑，外墙均采用幕墙饰面进行装饰。装饰后的建筑既可以使立面美观，丰富艺术效果，还可以加快建设速度。那么，这类幕墙饰面建筑装饰构造都有哪些要求呢？有什么特点？在装饰构造设计中都需要考虑哪些方面的技术要求？各关键节点构造图示如何呢？

图 9.1　建筑幕墙

9.1　建 筑 幕 墙

9.1.1　建筑幕墙的组成及特点

建筑幕墙是现代大型和高层建筑常用的带有装饰效果的轻质墙体。是一种悬挂在建筑物结构主体外侧的轻质围护墙，一般不承受其他构件的荷载，只承受自重和风荷载，形似挂幕，又称为悬挂墙。随着科学的进步，外墙装饰材料和施工技术也在突飞猛进地发展，产生了玻璃幕墙、石材幕墙及金属饰面板幕墙等一大批新型外墙装饰形式并不断地向着环保性、节能性及智能化方向发展。幕墙的发展及应用打破了传统的建筑造型模式，使建筑更具现代化气息。

建筑幕墙是建筑物不承担主体结构载荷与作用的建筑外围护墙，通常由面板(玻璃、铝板、石板、陶瓷板等)和后面的支承结构(铝横梁立柱、钢结构、玻璃肋等)组成。

建筑幕墙不同于填充墙，它具有以下的特点。

1) 建筑装饰效果好

幕墙打破了传统的建筑造型模式中窗与墙的界限，巧妙地将它们融为一体，使建筑物造型美观，实现建筑物与周围环境的有机融合，并通过多种材质组合、色调、光影等变化给人以动态美。

2) 重量轻、抗震性能好

幕墙材料在质量、相同面积的情况下，玻璃幕墙的质量约为砖墙粉刷的 1/12～1/10，大大减轻了围护结构的自重，而且结构的整体性好，抗震性能明显优于其他外围护结构。

3) 施工安装简便，工期较短

幕墙构件大部分是在工厂加工而成的，因而减少了现场作业和安装操作的工序，缩短了建筑装饰工程乃至整个建筑工程的工期。

4) 更新维修方便

由于幕墙大多由单元构件组合而成，局部有损坏时，维修或更换方便，因此在现代大型建筑和高层建筑上得到了广泛应用。但是，尽管幕墙有上述种种优点，幕墙在实际应用中依然受到某些因素的制约。如幕墙造价相对较高，材料及施工技术要求较高，有的幕墙材料(如玻璃、金属等)存在着反射光线对环境的光污染问题，玻璃材料还容易破损下坠伤人等。因此，幕墙装饰的选用应慎重，在幕墙装饰工程的设计与施工过程中必须严格按照有关的规范进行。

9.1.2 建筑幕墙的类型

1. 按照幕墙的饰面材料划分

1) 玻璃幕墙

玻璃幕墙主要是应用玻璃作为饰面材料，覆盖在建筑物表面的幕墙。玻璃幕墙按其组合形式和构造方式的不同，可分为有框式玻璃幕墙、无框式玻璃幕墙和点支式玻璃幕墙。而有框式玻璃幕墙又分为明框式玻璃幕墙、半隐框式玻璃幕墙和隐框式玻璃幕墙三种，如图9.2~图9.4所示。

玻璃幕墙制作技术要求高，而且投资大、易损坏、耗能大，所以一般只在重要公共建筑立面的处理中运用。

(a)　　　　　　　　　　　(b)　　　　　　　　　　　(c)

图 9.2　框式玻璃幕墙

(a) 明框式玻璃幕墙；(b) 半隐框式玻璃幕墙；(c) 隐框式玻璃幕墙

图 9.3　无框式玻璃幕墙　　　　　　　　图 9.4　点支式玻璃幕墙

2) 金属幕墙

金属幕墙是利用一些轻质金属(如铝合金、不锈钢等)加工而成的各种压型薄板或金属复合板材进行饰面的幕墙。这些种类饰面板经表面处理后，作为建筑外墙的装饰面层，不仅美观新颖、装饰效果好，而且质量轻、连接牢靠，耐久性也较好。

金属幕墙还常与玻璃幕墙配合使用，使建筑外观的装饰效果更加丰富多彩，如图 9.5 所示。

图 9.5　金属幕墙

3) 石材幕墙

石材幕墙是利用天然或者人造的大理石与花岗岩进行外墙饰面。该类饰面具有豪华、典雅，装饰效果强，可点缀和美化环境。它是利用金属挂件将石材饰面板直接悬挂在主体结构上，该类饰面施工简便、操作安全，连接牢固可靠，耐久、耐候性很好，因而被广泛应用在各大型建筑物的外部饰面，如图 9.6 所示。

图 9.6　石材幕墙

4) 组合幕墙

组合幕墙是由两种或两种以上的饰面板材料组合形成的墙面装饰，通常有玻璃幕墙和金属幕墙组合及玻璃幕墙和石材幕墙组合而成。此类幕墙能塑造较好的建筑装饰外形和装饰效果，目前在重要公共建筑的立面处理中被广泛运用。

2. 按主要支承结构形式划分

1) 构件式幕墙

构件式幕墙的立柱(或横梁)先安装在建筑主体结构上,再安装横梁(或立柱),立柱和横梁组成框格,面板材料在工厂内加工成单元组件,再固定在立柱和横梁组成的框格上,如图9.7所示。

图9.7 构件式幕墙

构件式幕墙优点:

① 施工手段灵活,工艺成熟,是采用较多的幕墙结构形式。

② 主体结构适应能力强,安装顺序基本不受主体结构影响。

③ 采用密封胶进行材料密封,水密性、气密性好,具有较好的保温、隔声降噪能力,具有一定的抗层间位移能力。

④ 面板材料单元组件工厂制作,结构胶使用性能有保证。

2) 单元式幕墙

单元式幕墙,是符合当今世界潮流的高档建筑外围护体系。其以工厂化的组装生产,高标准化的技术,节约大量施工时间等综合优势,成为建筑幕墙领域最具普及价值和发展优势的幕墙形式,如图9.8所示。

图9.8 单元式幕墙

单元式幕墙主要特点:

① 工业化生产,组装精度高,有效控制工程施工周期,经济效益和社会效益明显。

② 单元之间采用结构密封，适应主体结构位移能力强，适用于超高层建筑和钢结构高层建筑。

③ 不需要在现场填注密封胶，不受天气对打胶的影响。

④ 具有优良的气密性、水密性、风压变形及平面变形能力，可达到较高的环保节能要求。

3) 点支式幕墙

点支式幕墙是近年来国内发展较快的一种玻璃幕墙形式，它具有安全可靠、视觉通透及室内外装饰性好等特点，被广泛应用于众多具有高大空间(如机场候机大厅、会堂、展览大厅及歌剧院等)的建筑外墙装饰工程项目，如图 9.9 所示。

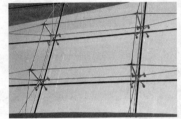

图 9.9　点支式幕墙

点支式幕墙主要特点：

① 支承结构形式多样，可满足不同建筑师及工程业主对建筑结构与外立面效果的需求。

② 结构稳固美观，构件精巧实用，可实现金属结构与玻璃的通透性能融为一体，使建筑内外空间和谐统一。

③ 玻璃与驳接爪件采用球铰连接，具有较强的吸收变形能力。

4) 全玻幕墙

全玻幕墙是一种全透明、全视野的玻璃幕墙，又称无框式玻璃幕墙，如图 9.10 所示。全玻幕墙具有质量轻、选材简单、加工工厂化、施工快捷、维护维修方便、易于清洗等特点。其对于丰富建筑造型立面效果的功效是其他材料无可比拟的，是现代科技应用于建筑装饰上的体现。

图 9.10　全玻幕墙

5) 智能型呼吸式幕墙(双层幕墙)

呼吸式幕墙是建筑的"双层绿色外套"。幕墙双层结构有显著的隔音效果，结构的特质也赋予了建筑以"呼吸效应"。

该幕墙系统由内外两道幕墙组成，内幕墙一般采用明框幕墙、活动窗，或开有检修门；外幕墙常采用有框幕墙或点支承玻璃幕墙。内外幕墙之间形成一个相对封闭的空间，大大提高了幕墙的保温、隔热、隔声功能。采用双层幕墙系统可以降低建筑综合能源消耗的30%～50%。

智能式呼吸幕墙是呼吸式幕墙的延伸，是在智能化建筑的基础上将建筑配套技术(暖、热、光、电)进行适度控制，它包括呼吸式幕墙、通风系统、遮阳系统、空调系统、环境监测系统、智能化控制系统等几个部分，如图9.11所示。

图 9.11　智能型呼吸式幕墙

9.2　玻　璃　幕　墙

9.2.1　玻璃幕墙的组成及材料

玻璃幕墙主要由骨架材料、饰面板及封缝材料组成。为了安装固定和修饰完善幕墙，还应配有连接固定件和装饰件等。

1. 骨架材料

幕墙骨架是幕墙的支撑体系，它承受面层传来的荷载，然后将荷载传给主体结构。幕墙骨架一般采用钢、铝合金型材和不锈钢型材等材料。

(1) 钢材。多采用工字形钢、角钢、槽钢及方管钢等，钢材的材质以 Q235 为主。这类型材强度高，价格较低，但维修费用高。

(2) 铝合金型材。多为经特殊挤压成型的铝镁合金型材，并经阳极氧化着色表面处理。型材规格及断面尺寸是根据骨架所处位置、受力特点和大小而决定的。这类型材构造合理，安装方便，装饰效果好，但价格略高。

(3) 不锈钢型材。一般采用不锈钢薄板压弯或冷轧制造成钢框架或竖框，这类型材价格昂贵，规格少，但耐久性和装饰性很好。

2. 玻璃

玻璃是玻璃幕墙的主要材料之一。它直接制约幕墙的各项性能，同时也是幕墙艺术风格的主要体现者。因此，玻璃的选用是幕墙设计的重要内容，必须满足幕墙玻璃设计所需的性能要求。玻璃幕墙常用的玻璃主要有以下几种。

1) 钢化玻璃

钢化玻璃是由平板玻璃热处理而成，是安全玻璃的一种。经过钢化的玻璃不易切割，因而，各种加工要在钢化前进行。钢化玻璃按形状可分为平面钢化玻璃和曲面钢化玻璃。

知识链接

钢化玻璃又称强化玻璃，是一种预应力玻璃。它是将普通平板玻璃或浮法玻璃原片在特制的加温炉中均匀加温至 620℃，使之轻度软化，结构膨胀，然后用冷气流迅速冷却，在玻璃表面上形成一个压应力层，玻璃本身具有较高的抗压强度，不会造成破坏。当玻璃受到外力作用时，这个压力层可将部分接应力抵消使之不易破碎，从而达到提高玻璃强度的目的。

2) 夹层玻璃

夹层玻璃是由两层以上薄片玻璃与一层或多层聚乙烯醇缩丁醛(简称 PVB)加压、加热结合而成的一种安全玻璃。当玻璃受到冲击破裂时，其玻璃碎片仍然黏合在 PVB 薄膜上，仅在表面出现裂纹而不脱落。因此，夹层玻璃能抵抗意外撞击的穿透，可防盗、防暴力侵入等。

3) 中空玻璃

两片或多片玻璃其周边用间隔框分开，并用密封胶密封，使玻璃层间形成有干燥气体空间的玻璃。中空玻璃原片玻璃厚度可采用 3mm、4mm、5mm、6mm、8mm、10mm 及 12mm厚，空气层厚度可采用 6mm、9mm 及 12mm。中空玻璃材料可采用平板玻璃、夹层玻璃、钢化玻璃、吸热玻璃、镀膜热反射玻璃及压花玻璃等。

4) 吸热平板玻璃

吸热平板玻璃一般为蓝色、灰色或古铜色，是平板玻璃生产时在原料中引入某些具有吸热性能的着色剂加工而成的，既能吸热又能透光。根据玻璃厚度不同，可吸收太阳辐射能 20%～60%，另外，由于该玻璃能吸收部分可见光线，故尚具有防止眩光作用。

凡既需采光又需隔热的地方，均可使用吸热玻璃，尤其是玻璃幕墙用以采光、隔热更为适宜。如果用吸热平板玻璃制成中空玻璃，则隔热效果尤为显著，但需注意热龟裂。

5) 镀膜玻璃

镀膜玻璃又称热反射玻璃。它的颜色有灰色、青铜色、茶色、金色、浅蓝色、棕色及古铜色等。它是通过在玻璃表面涂以金、银、铜、铬、镍及铁等金属或氧化物薄膜或非金属氧化物薄膜，或采用电浮法及等离子交换方法，向玻璃表面渗入金属离子以置换玻璃表面层原有的离子而形成热反射膜，制造出热反射玻璃，并可加工成中空热反射、夹层热反射玻璃。

6)"LOW-E"玻璃

"LOW-E"玻璃是在浮法玻璃冷却工艺过程中形成的。液体金属粉末直接喷射到热玻璃表面上，随着玻璃的冷却，金属膜层成为玻璃的一部分，该膜层坚硬耐用。"LOW-E"玻璃具有许多优点，它可以热弯、钢化，"LOW-E"玻璃采光性能好，同时能阻挡紫外线及部分红外线，具有控制热能单向流向室内的作用。"LOW-E"镀膜中空玻璃是一种较好的节能采光材料，在冬季可以保持相对较高的室内温度和湿度而不结露，且能够阻挡大量紫外线投射，使室内织物不易褪色。

7)防火玻璃

(1)防火玻璃按结构不同分类如下。

① 复合防火玻璃(FFB)。它是由两层或两层以上玻璃复合而成或由一层玻璃和有机材料结合而成，并满足相应耐火等级的特种玻璃。

② 单片防火玻璃(DFB)。它是由单层玻璃构成，并满足相应耐火等级的特种玻璃。

(2)防火玻璃按耐火性能不同，可分为A、B、C三类。

① A类防火玻璃。同时满足耐火完整性、耐火隔热性要求的防火玻璃。

① B类防火玻璃。同时满足耐火完整性、热辐射强度要求的防火玻璃。

③ C类防火玻璃。满足耐火完整性要求的防火玻璃。

以上三类防火玻璃按耐火等级可分为Ⅰ级、Ⅱ级、Ⅲ级、Ⅳ级。

3. 连接固定件

连接固定件是幕墙骨架之间及骨架与主体结构构件(如楼板)之间的结合件。

固定件主要有金属膨胀螺栓、普通螺栓、拉铆钉及射钉等；连接件多采用角钢、槽钢及钢板加工而成，其形状因应用部位的不同和用于幕墙结构的不同而变化。连接件应选用镀锌件或者对其进行防腐处理，以保证其具有较好的耐腐蚀性、耐久性和安全可靠性。

一般多采用角钢垫板和螺栓，采用螺栓连接可以调节幕墙变形，如图9.12所示。

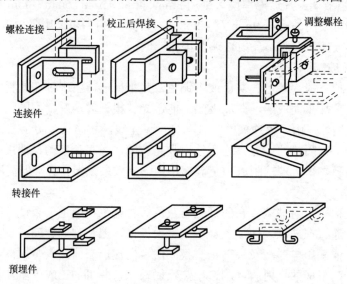

图9.12 幕墙连接固定件

4. 封缝材料

封缝材料是用于幕墙与框格、框格与框格相互之间缝隙处理的材料总称。通常有填充材料、密封材料和防水材料等。

(1) 填充材料。主要用于幕墙型材凹槽两侧间隙内的底部，起到填充作用，以避免玻璃与金属之间的硬性接触，又可起到缓冲作用。一般多为聚乙烯泡沫胶系，也可用橡胶压条。

(2) 密封材料。采用较多的是橡胶密封条，嵌入玻璃两侧的边框内，起到密封、缓冲和固定压紧的作用。

(3) 防水材料(密封胶)。主要是填堵饰面板板缝，起到黏结和密封的作用，常用的是硅酮系列密封胶，如结构密封胶、建筑密封胶(耐候胶)、中空玻璃二道胶及防火密封胶等。

知识链接

(1) 硅酮结构密封胶。结构密封胶是固定玻璃并使其与铝框有可靠连接及传递荷载并间接作用到铝框的胶粘剂，同时也具有密封玻璃幕墙的作用，主要成分是二氧化硅。玻璃幕墙装配中使用的结构密封胶只能是硅酮密封胶，要求结构密封胶对建筑物环境中的每一个因素，包括热应力、风荷载、气候变化及地震作用等均有相应的抵抗能力。

(2) 建筑密封胶(耐候胶)。建筑密封胶主要有硅酮密封胶、丙烯酸酯密封胶、聚氨酯密封胶和聚硫密封胶。聚硫密封胶与硅酮密封胶相容性差，不宜配合使用。外观要求建筑密封胶应为细腻、均质膏状物，不应有气泡、结皮或凝胶。

(3) 中空玻璃二道密封胶。中空玻璃一道密封胶为聚异丁烯密封胶，它不透气、不透水，但没有强度；第二道密封胶有聚硫密封胶和硅酮密封胶。由于聚硫密封胶在紫外线照射下容易老化，只能用于以镶嵌槽安装玻璃的明框幕墙用中空玻璃。隐框幕墙用中空玻璃的二道密封胶必须采用硅酮密封胶。

(4) 防火密封胶。用于穿楼层管道与楼板孔的缝隙及幕墙防火层与楼板接缝处密封。

9.2.2 框式玻璃幕墙构造

框式玻璃幕墙根据幕墙玻璃和结构框架的不同构造方式和组合方式，可分为明框式玻璃幕墙、隐框式玻璃幕墙和半隐框式玻璃幕墙，如图9.2所示。

1. 明框式玻璃幕墙

明框式玻璃幕墙框架结构外露，立面造型主要由外露的横竖骨架决定。明框式玻璃幕墙是用一根根元件(竖梃、横梁)安装在建筑物主体框架上形成框格体系，再将金属框架、玻璃、填充层和内衬墙，以一定顺序进行组装。对以竖向受力为主的框格，先将竖梃固定在建筑物的每层楼板(梁)上，再将横梁固定在竖梃上；对以横向受力为主的框格，则先安装横梁，竖梃固定在横梁上，再镶嵌玻璃。目前，采用布置比较灵活的竖梃方式较多，如图9.13所示。

 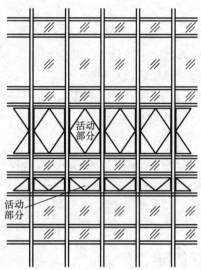

图 9.13　明框式玻璃幕墙

(1) 金属框料的截面形式。金属框料大多数采用铝合金型材，通常采用空腹型材。竖梃和横梁由于使用功能不同，其截面形状也不同。图 9.14、图 9.15 是两种明框系列玻璃幕墙型材和玻璃组合形式。

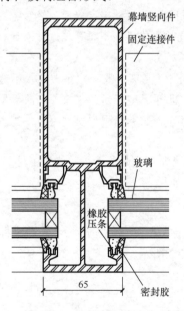 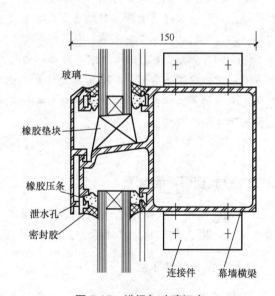

图 9.14　竖梃与玻璃组合　　　　　图 9.15　横梁与玻璃组合

为了便于安装，也可由两块甚至三块型材组合成一根竖梃和一根横梁，如图 9.16所示。

(2) 竖框与竖框、竖框与横框、竖框与楼板的连接关系。铝型材一般供货长度为 6m，通常玻璃幕墙的竖梃依 1～2 个层间高度来划分，竖梃通过连接件固定在楼板上，连接件可以置于楼板的上表面、侧面和下表面，如图 9.17 所示。上、下相邻的竖框连接通常共用内

衬套管或同一连接件接长,连接件上的所有螺栓孔都设计成椭圆形的长孔,两段竖框之间还必须留有 15～20mm 的伸缩缝,如图 9.18(c)所示,并用密封胶堵严。而竖梃与横梁可通过角形铝铸件连接。竖框与横框的连接可通过角铸铝件或专用铝型材的连接件连接,均用螺栓固定,如图 9.18(a)、图 9.18(b)所示。

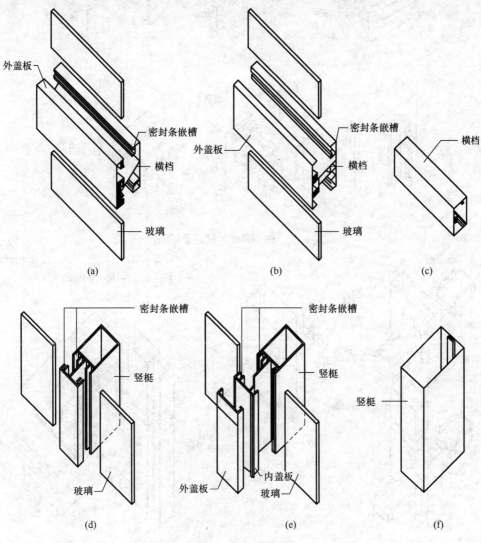

图 9.16　玻璃幕墙铝框型材和玻璃组合形式

(a) 横档之一(用于明框); (b) 横档之二(用于明框); (c) 横档之三(用于隐框)
(d) 竖梃之一(用于明框); (e) 竖梃之二(用于明框); (f) 竖梃之三(用于隐框)

(3) 玻璃镶嵌构造。在明框玻璃幕墙中,玻璃是镶嵌在竖梃、横档等金属框上的,其连接构造如图 9.19 所示。

玻璃与金属框接缝处的防水构造处理是保证幕墙防风雨性能的关键部位,目前国内外采用的接缝构造方式为三层构造层,即密封层、密封衬垫层及空腔,如图 9.20 所示。

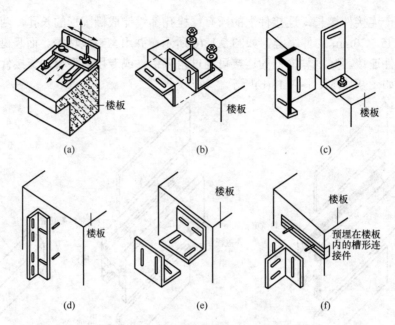

(a)　　　　　　(b)　　　　　　(c)

(d)　　　　　　(e)　　　　　　(f)

图 9.17　玻璃幕墙连接件示意图

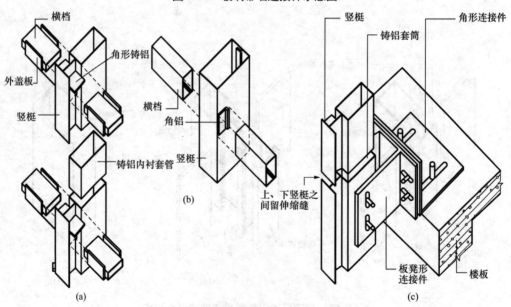

(a)　　　　　　　　(b)　　　　　　　　(c)

图 9.18　幕墙铝框连接构造

(a) 竖梃与横档的连接(用于明框)；(b) 竖梃与横档的连接(用于隐框)；(c) 竖梃与楼板的连接

　　密封层是接缝防水的重要屏障，它应具有很好的防渗性、防老化性及无腐蚀性，并具有保持弹性的能力，以适应结构变形和温度伸缩引起的移动。目前，密封材料主要有硅酮橡胶密封料和聚硫橡胶密封料。

　　密封衬垫层具有隔离层作用，使密封层与金属框底部脱开，减少了由于金属框变形引起的密封层变形。密封衬垫常以成型式合成橡胶等黏合性不大而延伸性好的材料为佳。玻璃由垫块支撑在金属框内，玻璃与金属框之间形成空腔。空腔可防止挤入缝内的雨水因毛细现象进入室内。

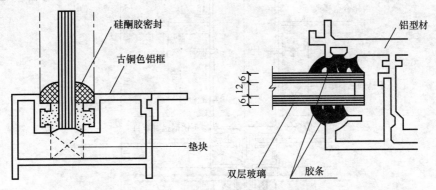

图 9.19　明框玻璃与铝框的连接构造

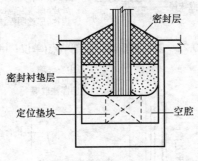

图 9.20　明框玻璃

2. 隐框玻璃幕墙

隐框玻璃幕墙是将玻璃用硅酮结构密封胶固定在金属框上，玻璃外表面不露出框料，形成大面积全玻璃饰面。目前，隐框玻璃幕墙通常采用镀膜玻璃，由于镀膜玻璃的单向透视特性，从外侧看不到框料，达到隐框的效果。

对于隐框玻璃幕墙，首先要制作一个从外面看不见框的玻璃板块。玻璃板块由玻璃、附框和定位胶条以及黏结材料组成，如图 9.21 所示。玻璃板块主要采用压块及挂钩等方式与幕墙的主体结构连接。在玻璃板块的安装过程中，板块与板块之间形成的横缝与竖缝都要进行防水处理，首先是在缝中填塞泡沫垫杆，然后用耐候密封胶灌注，如图 9.22、图 9.23 所示。

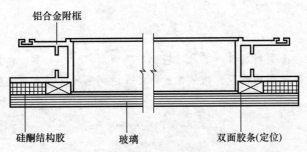

图 9.21　隐框玻璃幕墙板块构造

213

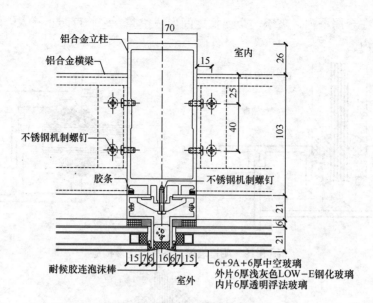

图9.22　隐框玻璃幕墙横剖节点(单位：mm)

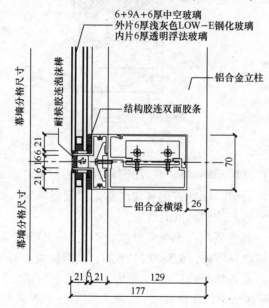

图9.23　隐框玻璃幕墙纵剖节点(单位：mm)

 知识链接

　　附框通常采用铝合金型材制作，其尺寸应比玻璃板面尺寸小一些，然后用双面贴胶带将玻璃与附框定位，再现注硅酮结构胶。待结构胶固化并达到强度后，方可进行现场的安装工作。

特别提示

　　玻璃与铝框之间完全靠结构胶黏结，结构胶要承受玻璃自重和风荷载、地震等外力作用以及温度变化的影响,因而结构胶的性能及打胶质量是隐框玻璃幕墙安全性的关键环节之一。

结构胶必须能有效地黏结所有与之接触的材料(玻璃、铝材、耐候胶及垫块等),这称为相容性。在选用结构胶的厂家和牌号时,必须用已选定的幕墙材料进行相容性试验,确认其适用性之后,才能在工程中应用。

3. 半隐框玻璃幕墙

半隐框玻璃幕墙包括横隐竖不隐或竖隐横不隐两种形式,是明框与隐框构造方式的结合,是将玻璃板块两对边嵌在金属框内,另两对边用结构胶黏结在金属框上,形成半隐框玻璃幕墙。其构造方式不再赘述。

4. 玻璃幕墙节点构造

节点构造是玻璃幕墙设计中的重点,也是安装的一个难点,只有细部处理得完善,才能保证玻璃幕墙的使用功能。

1) 转角部位构造

(1) 直角转角。如图 9.24 所示是幕墙竖框在 90°内转角部位的构造处理;图 9.25 是幕墙竖框在 90°外转角部位的处理;图 9.26 是玻璃幕墙与其他饰面材料在转角部位的处理。

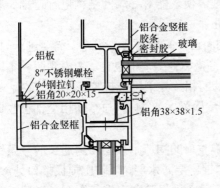

图 9.24 90°内转角构造

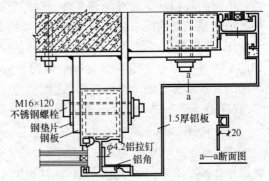

图 9.25 90°外转角构造

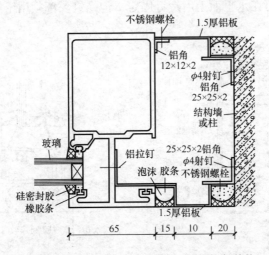

图 9.26 玻璃幕墙与其他饰面材料转角部位构造(单位:mm)

(2) 钝角转角。如图 9.27 所示是外墙在钝角情况下的构造处理。

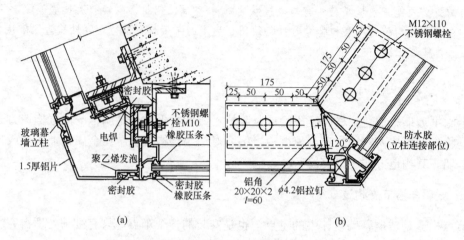

图 9.27 墙面钝角转角构造处理(单位：mm)

(a) 转角处理；(b) 立柱转角处理

2) 收口处理

所谓的收口，是指对幕墙本身一些部位的处理，使之能对幕墙的结构进行遮挡。有时是幕墙在建筑物的洞口、两种材料交接处的衔接处理。

(1) 侧面的收口节点。幕墙最后立柱的一个侧面已没有幕墙与之相连，需要进行封堵，如图 9.28 所示。该节点采用 1.5mm 厚铝合金板，将幕墙骨架全部包住。考虑到两种不同材料的线胀系数的不同，所以在饰面铝板与竖框及墙的相接处采用密封胶处理。

(2) 底部收口节点。底部收口节点处理是指幕墙横梁(水平杆件)与结构相交部位收口处理方法，如图 9.29、图 9.30 所示。

(3) 顶部收口节点。如图 9.31 所示是幕墙顶部收口的构造示意图。用通长的一条铝合金板罩在幕墙上端的收口部位，在压顶板的下面加铺一层防水层，以防压顶板接口处渗水，防水材料应具有较好的抗拉性能，目前常用的有三元乙丙橡胶防水带。铝合金压顶板可侧向固定在骨架上，也可在水平面上用螺钉固定，但螺钉头部须用密封胶密封，防止水由此部位渗透。

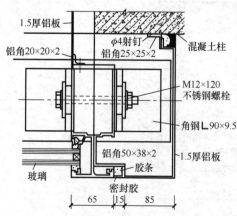

图 9.28 幕墙侧端的收口(单位：mm)

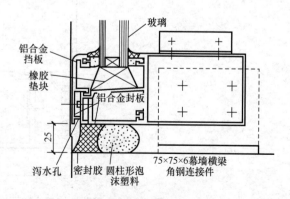

图 9.29 横梁与结构相交部位的处理(单位：mm)

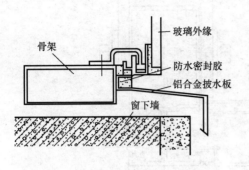

图 9.30　横梁与水平结构面的交接构造

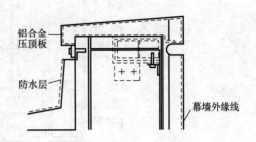

图 9.31　幕墙顶部收口

　　幕墙斜面与顶部女儿墙的收口,如图 9.32 所示。

3) 幕墙与主体结构之间的缝隙收口

　　幕墙与主体结构之间为了调节安装时的结构尺寸偏差,一般宜留出一段距离。这个空隙不论是从使用还是从防火的角度出发,均应采取适当的措施。特别是防火方面,因幕墙与结构之间贯穿空隙,一旦失火,将成为烟火的通道。因此,此部分必须做妥善处理。如图 9.33 所示的节点大样,是目前较常用的一种处理方法。先用一条 L 形镀锌铁皮固定在幕墙的横梁上,然后在铁皮上均匀、整齐地铺放防火材料,不得漏铺。目前,常用的防火材料有矿棉(岩棉)、超细玻璃棉等。铺放的高度应根据建筑物的防火等级、结合防火材料的耐火性能,经过计算后确定。

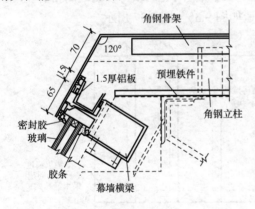

图 9.32　幕墙斜面与女儿墙压顶收口构造
　　　　　　(单位:mm)

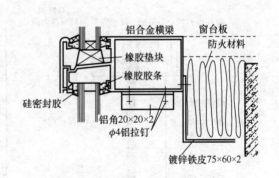

图 9.33　铺放防火材料构造大样(单位:mm)

4) 变形缝部位处理

　　沉降缝、伸缩缝是主体结构设计的需要。玻璃幕墙在此部位的构造节点,应满足主体结构沉降、伸缩的要求,并使该部分的处理既美观又具有良好的防水性能。图 9.34 为沉降缝构造大样。

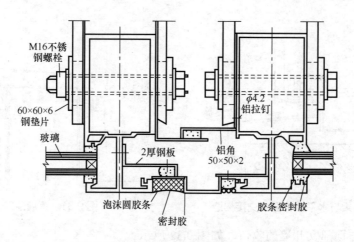

图 9.34 沉降缝构造大样(单位：mm)

9.2.3 全玻璃幕墙构造

全玻璃幕墙又称为无框式玻璃幕墙，是指整个幕墙面全部由玻璃组成，按构造方式的不同，分为吊挂式和坐落式两种。

1. 坐落式全玻璃幕墙

当全玻璃幕墙的高度较低时可采用坐落式安装，此时通高玻璃板和玻璃肋上、下均镶嵌在槽内，玻璃直接支撑在下部槽内支座上，上部镶嵌玻璃的槽顶与玻璃之间留有空隙，使玻璃留有伸缩的余地。坐落式全玻璃幕墙构造如图 9.35～图 9.37 所示。

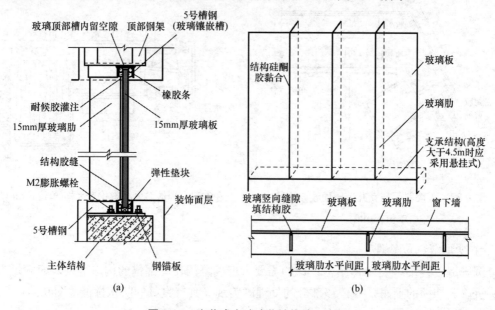

图 9.35 坐落式全玻璃幕墙构造示意图

(a) 剖面构造图示；(b) 平面示意图

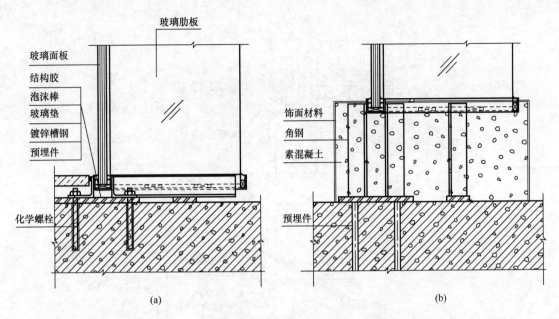

玻璃肋板
玻璃面板
结构胶
泡沫棒
玻璃垫
镀锌槽钢
预埋件
化学螺栓

饰面材料
角钢
素混凝土
预埋件

(a)   (b)

图 9.36　下封底节点构造

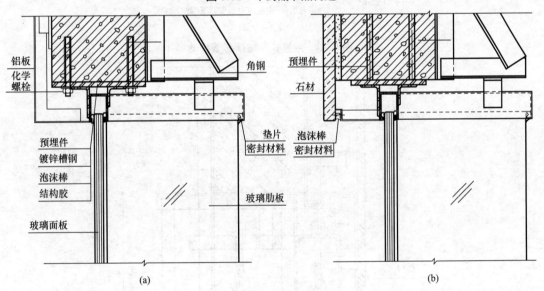

铝板
化学螺栓
角钢
预埋件
石材
预埋件
镀锌槽钢
泡沫棒
结构胶
玻璃面板
玻璃肋板
垫片
密封材料
泡沫棒
密封材料

(a)   (b)

图 9.37　上封顶节点构造图

2. 吊挂式全玻璃幕墙

当建筑物层高较高，采用通高玻璃的坐落式幕墙时，因玻璃变得细长，其平面外刚度和稳定性相对很差，在自重作用下都很容易压屈破坏，不可能再抵抗各种水平力的作用。在这种情况下的玻璃幕墙(高度超过 5m 时)采用上部设置专用的金属夹具，将玻璃板和玻璃肋吊挂起来形成玻璃墙面，这种幕墙称为吊挂式全玻璃幕墙。此做法的玻璃镶嵌在下部槽口内并留有伸缩空间。吊挂式全玻璃幕墙的玻璃尺寸和厚度都比坐落式大且构造要复杂，如图 9.38 所示。吊挂式全玻璃幕墙下封底节点构造图 9.36 所示，上封顶节点构造如图 9.39 所示，侧封边节点构造如图 9.40 所示。

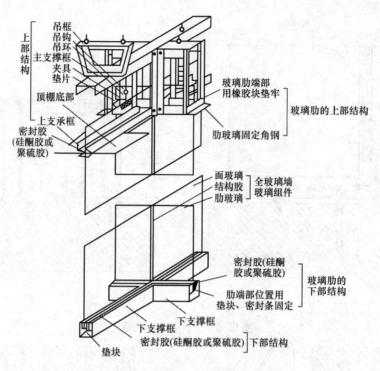

图 9.38　吊挂式全玻璃幕墙构造

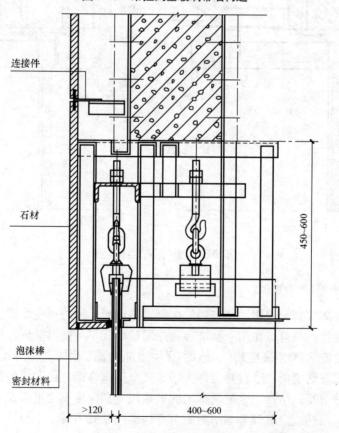

图 9.39　上封顶节点构造图

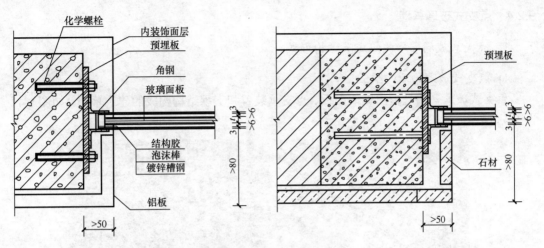

图 9.40 侧封边节点构造图

知识链接

下列情况可采用吊挂式玻璃幕墙：玻璃厚度为 10mm，幕墙高度为 4～5m 时；玻璃厚度为 12mm，幕墙高度为 5～6m 时；玻璃厚度为 1.5mm，幕墙高度为 6～8m 时；玻璃厚度为 19mm，幕墙高度为 8～10m 时。

全玻璃幕墙所使用的玻璃多为钢化玻璃和夹层钢化玻璃。但玻璃无论钢化与否，边缘都应做磨边处理。

3. 肋玻璃布置方式

为了减小玻璃的厚度和增强面玻璃的刚度，每隔一定距离用条形玻璃板作为加强肋板，玻璃板加强肋垂直于玻璃幕墙表面设置。因其设置的位置如板的肋一样，称为肋玻璃，玻璃幕墙称为面玻璃，面玻璃和肋玻璃有十字形和丁字形两种常见交接方式，如图 9.41 所示。同时，面玻璃与肋玻璃相交部位宜留出一定的间隙，间隙用硅酮系列密封胶注满，间隙尺寸可根据玻璃的厚度而略有不同。

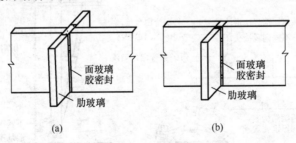

图 9.41 肋玻璃构造形式

(a) 十字形交接；(b) 丁字形交接

9.2.4 点支式玻璃幕墙

1. 点支式玻璃幕墙的组成及结构形式

1) 点支式玻璃幕墙的组成

点支式玻璃幕墙是指由玻璃面板、点支承装置和支承结构构成的建筑幕墙，如图 9.42、图 9.43 所示。

图 9.42 点支式玻璃幕墙

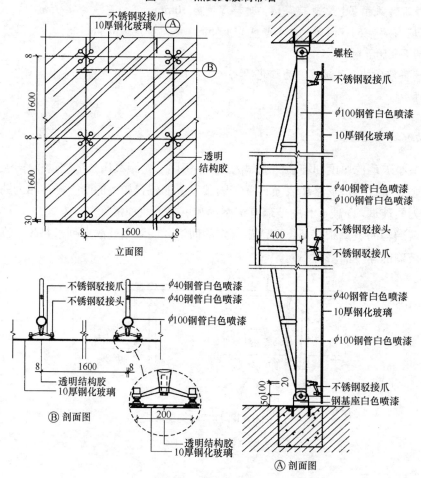

图 9.43 点支式玻璃幕墙构造实例(单位：mm)

2) 点支式玻璃幕墙的支承结构形式

支承结构是点式连接玻璃幕墙重要的组成部分，它能把玻璃面板承受的风荷载、温度差作用、自身重量和地震荷载等传给主体结构。支承结构必须有足够的强度和刚度，它相对于主体结构有特殊的独立性，又是整体建筑不可分离的一部分。支承结构既要与主体结构有可靠的连接，又不承担主体结构因变形对幕墙产生的复合作用。常见的点支式玻璃幕墙的支承结构形式有如下。

(1) 钢构式支承结构。又可分为单杆式支承结构、格构式梁柱支承结构、平面桁架支承结构和空间桁架支承结构等形式，如图 9.44 所示。

(2) 拉杆式支承结构。它是由受拉杆件经合理组合并施加一定的预应力所形成的，尤其是用不锈钢材料作为拉杆时，更能展示出现代金属结构所具备的高雅气质，使建筑更富现代感，如图 9.45 所示。

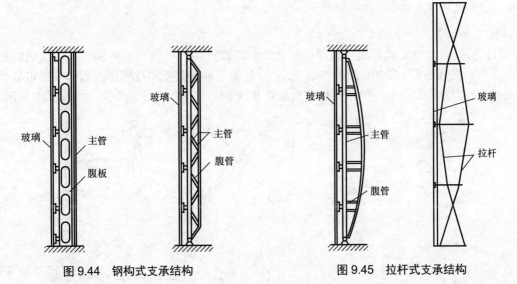

图 9.44　钢构式支承结构　　　　图 9.45　拉杆式支承结构

(3) 拉索式支承结构。拉索式支承结构是一种新的结构形式，玻璃面板、张拉索杆结构、锚定结构组成幕墙系统。玻璃幕墙面板用钢爪固定在张拉索杆结构上，张拉索杆结构承担幕墙承受的荷载并将其传至锚定结构，如图 9.46 所示。

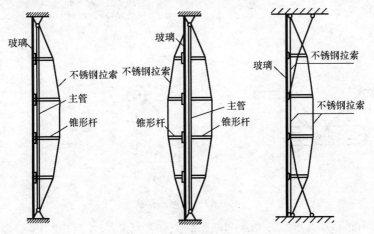

图 9.46　拉索式支承结构

2. 点支式玻璃幕墙的玻璃及支承装置

1) 玻璃

点支式玻璃幕墙不能选用普通的浮法玻璃,应选用钢化玻璃、夹层玻璃或钢化中空玻璃(有保温、隔热要求时应采用中空玻璃)等,钢化玻璃必须经过热处理,消除玻璃钢化过程中产生的内应力,减少钢化玻璃上墙后"自爆"的危险。

🔩 知识链接

钢化玻璃厚度和玻璃的大小尺寸应根据设计计算确定,一般选择 8mm、12mm、16mm,点支玻璃幕墙采用夹层玻璃时,应采用聚乙烯醇缩丁醛(PVB)胶片干法加工合成技术,且胶片厚度不得小于 0.76mm,当固定玻璃采用沉头螺栓时,面板玻璃的厚度不得小于 10mm;夹层玻璃和钢化中空玻璃的主受力层玻璃厚度不得小于 8mm。

2) 支承装置

(1) 驳接爪。点支式玻璃幕墙用的驳接爪为定型产品,一般为不锈钢件。驳接爪的形式分多种,按规格分有 200、210、220、230 不锈钢系列驳接爪。按固定点数和外形可分为四点爪、三点爪、二点爪、单点爪和多点爪以及 X 形、Y 形、H 形等形状,如图 9.47 所示。

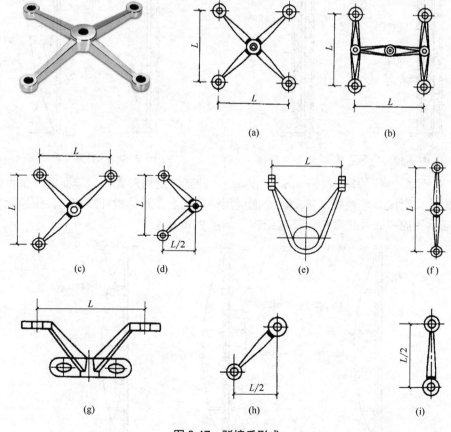

图 9.47　驳接爪形式

(a) 四点 X 形; (b) 四点; (c) 三点; (d) 二点 V 形; (e) 二点 U 形;
(f) 二点; (g) 二点 K 形; (h) 单点 V/2 形; (i) 单点

(2) 连接件。点支式玻璃幕墙用的连接件即驳接头为定型产品,一般为不锈钢件。按构造可分为活动式和固定式,按外形可分为浮头式和沉头式,见表 9-1 和图 9.48。

表 9-1　点支式玻璃幕墙支承装置的连接件结构形式

结 构 形 式	浮头式(F)	沉头(C)
活动式(H)	爪臂	爪臂
固定式(G)	爪臂	爪臂

注: l 为螺杆长度; w 为玻璃总厚度。

图 9.48　连接件节点构造形式

3. 点支式玻璃幕墙的构造

1) 立柱点支玻璃幕墙构造
立柱点支玻璃幕墙构造,如图 9.49 所示。

2) 桁架点支玻璃幕墙构造
桁架点支玻璃幕墙构造,如图 9.50~图 9.52 所示。

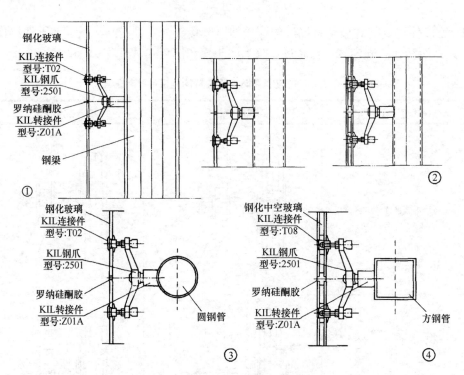

钢化玻璃

KIL连接件
型号:T02

KIL钢爪
型号:2501

罗纳硅酮胶
KIL转接件
型号:Z01A

钢梁

①　②

钢化玻璃

KIL连接件
型号:T02

KIL钢爪
型号:2501

罗纳硅酮胶
KIL转接件
型号:Z01A

圆钢管

③

钢化中空玻璃
KIL连接件
型号:T08

KIL钢爪
型号:2501

罗纳硅酮胶
KIL转接件
型号:Z01A

方钢管

④

图 9.49　立柱点支玻璃幕墙节点构造

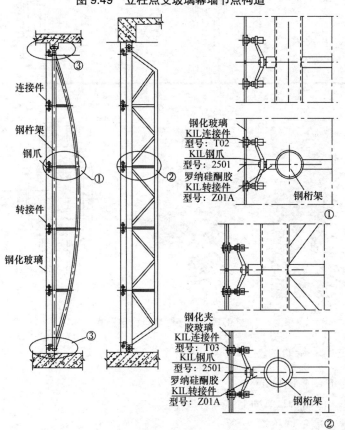

连接件

钢杆架

钢爪

转接件

钢化玻璃

①　②　③

钢化玻璃
KIL连接件
型号: T02
KIL钢爪
型号: 2501
罗纳硅酮胶
KIL转接件
型号: Z01A

钢桁架

①

钢化夹
胶玻璃
KIL连接件
型号: T03
KIL钢爪
型号: 2501
罗纳硅酮胶
KIL转接件
型号: Z01A

钢桁架

②

图 9.50　格构式点支玻璃幕墙构造

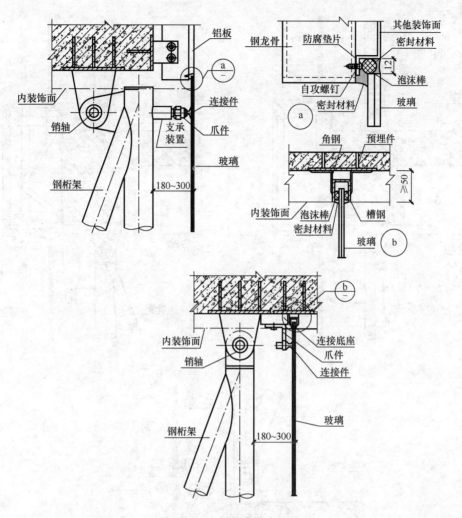

图 9.51　上封顶③节点构造

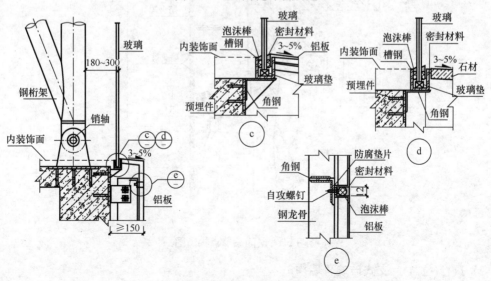

图 9.52　下封底④节点构造

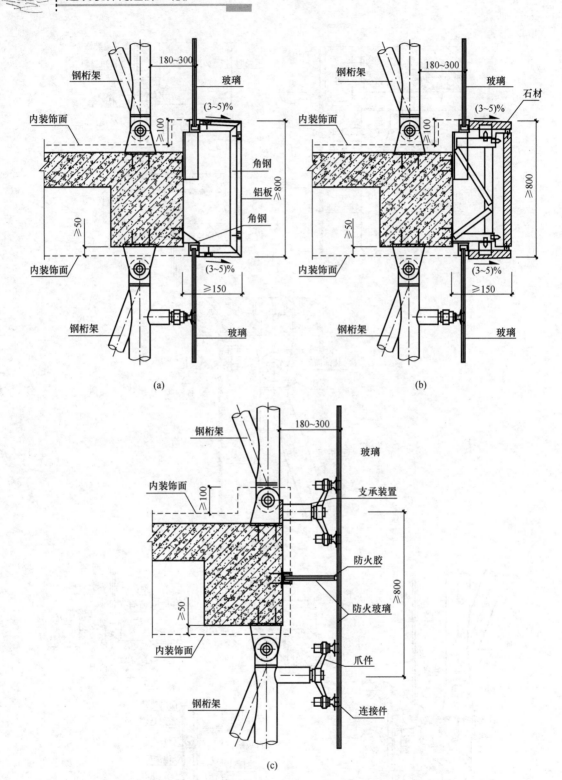

图 9.53　层间梁节点构造图

3) 拉杆(拉索)点支式玻璃幕墙构造

拉杆点支式玻璃幕墙构造，如图 9.54 所示；拉索点支式玻璃幕墙构造如图 9.55 所示。

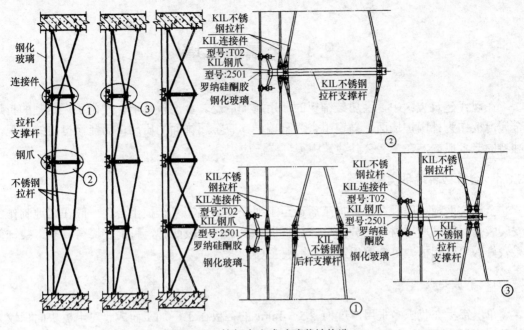

图 9.54　拉杆点支式玻璃幕墙构造

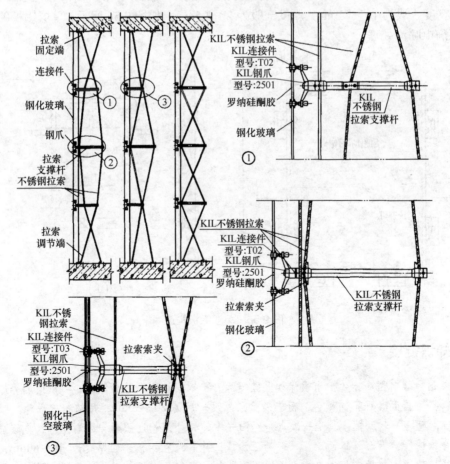

图 9.55　拉索点支式玻璃幕墙构造

9.3 金属板幕墙

在现代建筑装饰中，金属装饰板的使用越加广泛。金属板幕墙，是由工厂定制的折边金属薄板作为外围护墙面，与窗组合成幕墙，具有金属饰面的质感，简捷而挺拔的外观，独特的艺术风韵，在一些公共建筑中得到广泛应用。

9.3.1 金属板幕墙种类

金属饰面板一般是在工厂加工后运至工地安装。铝塑复合板组合件一般在工地制作、安装。金属板幕墙按材料可分为单一材料板和复合材料板两种，目前使用得较多、装饰效果较好为单层铝板、复合铝板及蜂窝铝板三种。

1. 单层铝板

单层铝板在我国多采用厚度为 2.5~4mm 的铝板在工厂加工而成。对于板块面积较大的单层铝板由于刚度不足，往往在其背面加肋增强，加强肋一般用同样的合金铝带或角铝制成，宽度一般为 10~25mm，厚度一般为 2~2.5mm，如图 9.56 所示。单层铝板的表面一般采用静电喷涂处理。

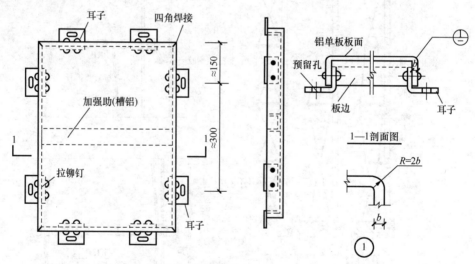

图 9.56 单层铝板构造

> **知识链接**

单层铝板静电喷涂分为粉末喷涂和氟碳喷涂。粉末喷涂原料为聚氨酯、环氧树脂等原料配以高性颜料，可得到各种不同颜色，粉末喷涂层厚度一般为 20~30μm，用该粉末喷涂料喷涂的铝板表面，耐碰撞、耐摩擦。其唯一缺点是经阳光中的紫外线长期照射会逐渐褪色。氟碳喷涂是用氟碳聚合物树脂，做金属罩面漆，一般为三涂或四涂。漆在铝板表面厚度为 40~60μm，经得起腐蚀，能抗酸雨和各种空气污染物，不怕强烈紫外线照射，耐极热极冷性能好，可以长期保持颜色均匀，使用寿命长。唯一不足之处在于，漆层硬度、耐碰撞性、耐摩擦性能比粉末喷涂差。

2. 复合铝板

复合铝板也称为铝塑板，它是用铝板与聚乙烯泡沫塑料层制造的夹层板，泡沫塑料与两层 0.5mm 厚的铝板紧密黏结，常用的规格有 3mm、4mm、6mm 三种，外层铝板表面喷涂聚氟碳酯涂层，内层喷涂树脂涂层，表面颜色众多，以满足建筑艺术的要求。复合铝板在用于幕墙时采用平板式、槽板式及加肋式，如图 9.57、图 9.58 所示。

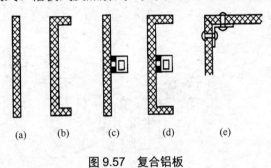

图 9.57　复合铝板

(a) 平板式；(b) 槽板式；(c) 平板加肋式；(d) 槽板加肋式；(e) 铝角码固定

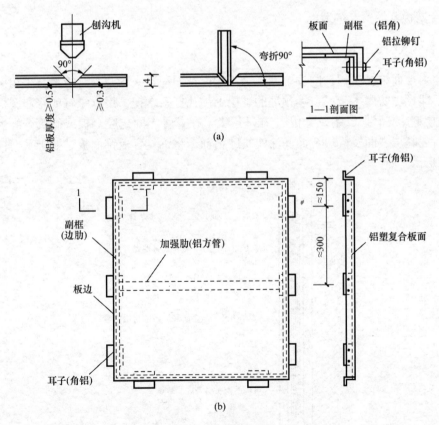

图 9.58　复合铝板

(a) 复合铝板折边；(b) 复合铝板构造

3. 蜂窝铝板

蜂窝铝板是由两层铝板与蜂窝芯黏结而成的一种复合材料。一般外层铝板厚为1.0～1.5mm，内侧板厚为0.8～1.0mm。夹层为铝箔、玻璃纤维或纸质材料的蜂窝芯，蜂窝形状有正六角形、长方或正方形、交叉折弯六角形等，以正六角形应用最多，六角形的边长为3～7mm。由于板块结构的特殊，此种板材的使用性能最为优异。其成品板材的厚度一般为6～20mm，矩形板的常用规格为2400mm×1200mm，超大规格的板或弧形、异形板产品的尺寸由供需双方协商订制。基本结构形式如图9.59所示。

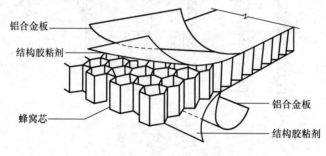

图9.59　蜂窝铝板结构

9.3.2　金属板幕墙安装构造

1. 黏结式安装构造

对室内墙面饰面工程，圆柱饰面装饰工程以及面积不大的铝复合板最常采用黏结式安装构造。即预埋防腐木砖或在无预埋的基层上钻孔打入木楔，用木螺钉或普通圆钢钉将木龙骨(木方龙骨或厚夹板条龙骨)固定在基层上，在龙骨上固定胶合板或硬质纤维板等基面板，然后在基层表面及板块背面满涂建筑胶粘剂，将铝复合板饰面板粘贴于基面板上，如图9.60所示。

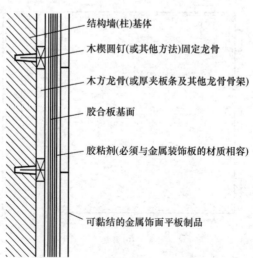

图9.60　黏结式构造

2. 钉接式安装构造

作为较大面积建筑外墙饰面的金属板幕墙，根据其应用特点和方便固定的要求，一般都通过安装连接件，称为挂耳，如图 9.56、图 9.58 所示采用自攻螺钉或抽芯铆钉等紧固件较方便地将板材固定于墙体金属龙骨上，板材背面的空腔内可按设计要求填充保温隔热材料，如图 9.61、图 9.62 所示。

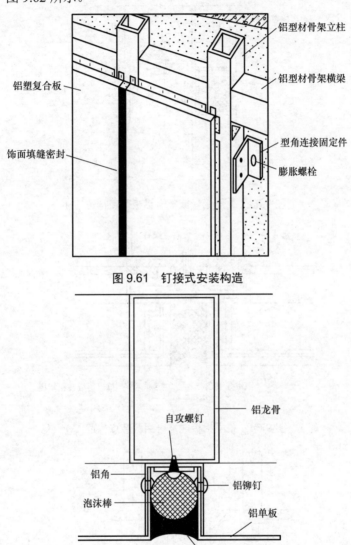

图 9.61　钉接式安装构造

图 9.62　钉接式节点构造

9.3.3　金属板幕墙节点构造和收口处理

金属幕墙板之间的节点构造、水平部位的压顶、端部的收口、两种不同材料交接部位的处理等不仅对结构安全与使用功能有着较大的影响，而且也关系到建筑物的立面造型和装饰效果。因此，各生产厂商、设计及施工单位都十分注重节点的构造设计，并相应开发出与之配套的骨架材料和收口部件。目前常见的几种做法如下。

1. 墙板节点

对于不同的墙板，其节点处理略有不同，如图9.63～图9.66所示。

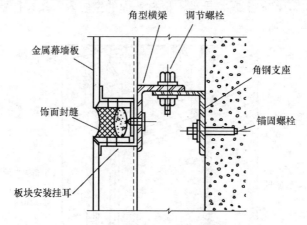

图9.63　单层铝板或复合铝板节点构造(一)

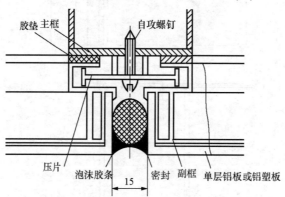

图9.64　单层铝板或复合铝板节点构造(二)

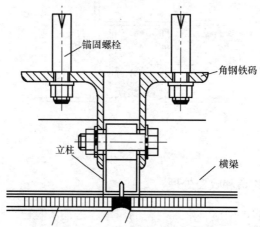

图9.65　蜂窝铝板节点构造(一)

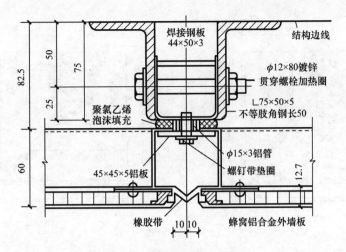

图 9.66 蜂窝铝板节点构造(二)

2. 转角部位的处理

转角部位常见的主要是直角和圆弧角两种，其构造如图 9.67、图 9.68 所示。

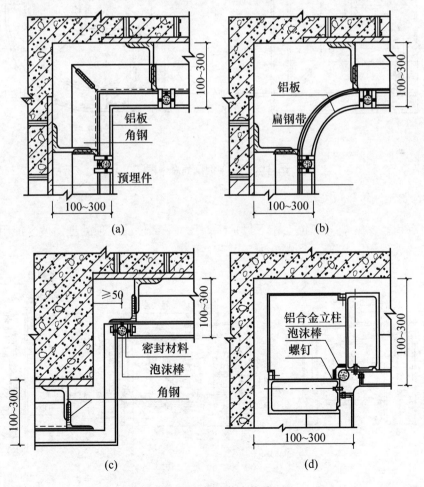

(a)   (b)

(c)   (d)

图 9.67 转角部位节点构造(一)

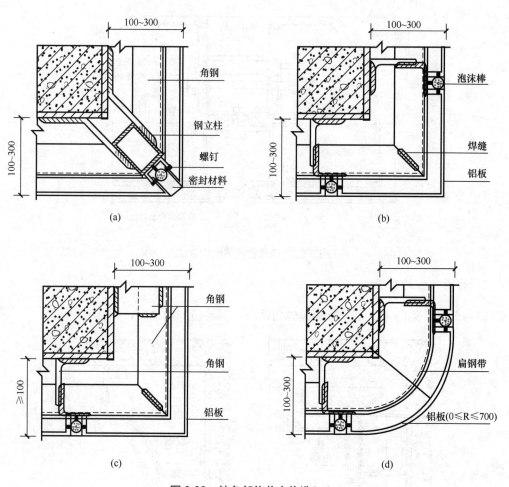

图 9.68 转角部位节点构造(二)

3. 水平部位的压顶处理

门窗洞口、女儿墙等部位上、下封顶(底)等水平部位的压顶处理，使之能阻挡风雨渗透。其构造处理如图 9.69、图 9.70 所示。

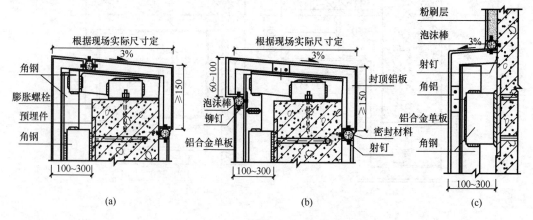

图 9.69 上封顶节点构造图

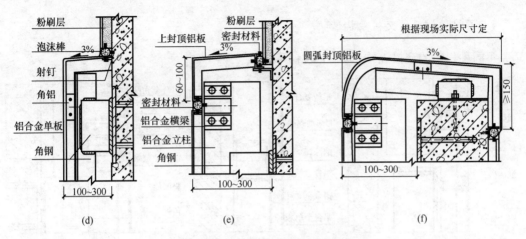

图 9.69 上封顶节点构造图(续)

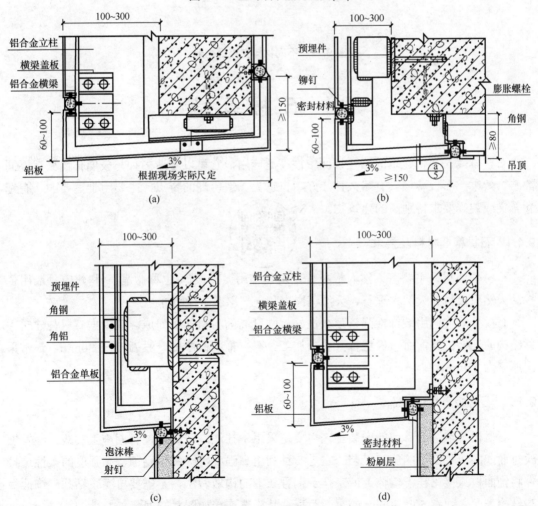

图 9.70 下封底节点构造图

4. 不同种材料的交接处构造

不同种材料的交接处构造如图 9.71 所示。

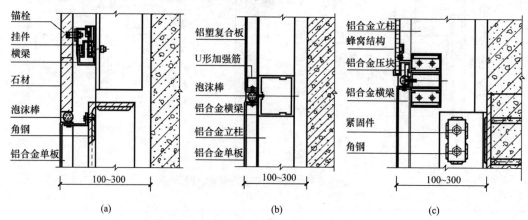

锚栓
挂件
横梁
石材
泡沫棒
角钢
铝合金单板

100~300

(a)

铝塑复合板
U形加强筋
泡沫棒
铝合金横梁
铝合金立柱
铝合金单板

100~300

(b)

铝合金立柱
蜂窝结构
铝合金压块
铝合金横梁
紧固件
角钢

100~300

(c)

图 9.71　不同材料交接处构造

9.4　石 材 幕 墙

石材幕墙在现代建筑的墙柱饰面中被广泛应用，它可以塑造多种与玻璃幕墙截然不同的装饰效果。石板幕墙具有耐久性较好、自重大、造价高的特点，主要用于重要的、有纪念意义或装修要求特别高的建筑物。

9.4.1　石材幕墙材料及要求

石材幕墙材料主要有天然石板材、建筑装饰用微晶玻璃(也称微晶石)和建筑幕墙用瓷板。天然石板材有天然大理石、天然花岗岩和天然凝灰岩(砂岩)。

石板幕墙需选用装饰性强、耐久性好、强度高的石材加工而成。应根据石板与建筑主体结构的连接方式，对石板进行开孔糟加工。石板幕墙板厚度一般为 20～30mm，最常采用厚度为 25mm。

9.4.2　石材板幕墙的构造

石材板幕墙饰面目前的安装工艺主要是采用干挂法。它是通过长期施工实践，经发展改进而成的一种新型的施工工艺。它是一种利用高强度螺栓和耐腐蚀、高强度的柔性连接件将饰面板直接吊挂于墙体上或空挂于钢骨架上的构造做法，不需要再灌浆粘贴。饰面板与结构表面之间有 50～80mm 的空腔距离。其构造连接如图 9.72 所示。

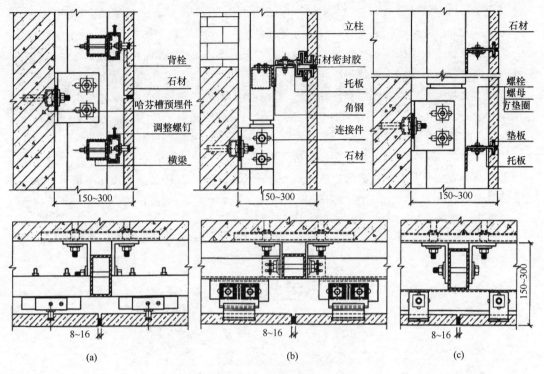

图 9.72　石材饰面板干挂法构造

(a)背栓式结构；(b)元件式结构；(c)短槽式结构

课 题 小 结

　　幕墙是一种悬挂在建筑物结构主体外侧的轻质围护墙，随着科学的进步，外墙装饰材料和施工技术也在突飞猛进的发展，玻璃幕墙、石材幕墙及金属饰面板幕墙等一大批新型外墙装饰形式不断地向环保、节能及智能化方向飞速发展。

　　建筑幕墙具有装饰效果好、质量轻、抗震性能好、施工安装简便、工期较短、更新维修方便等特点；按照幕墙的饰面材料来划分，主要有玻璃幕墙、金属板幕墙、石材幕墙及组合幕墙。

　　建筑幕墙作为一种新型的围护或分隔结构，主要由骨架材料、饰面板及封缝材料组成。骨架一般采用钢、铝合金型材和不锈钢型材等材料。

　　玻璃是玻璃幕墙的主要材料之一，它直接制约玻璃幕墙的各项性能，同时也是玻璃幕墙艺术风格的主要体现者。常用的幕墙玻璃主要有：钢化玻璃、夹层玻璃、中空玻璃、吸热平板玻璃、镀膜玻璃、"LOW-E"玻璃、防火玻璃等；玻璃幕墙根据幕墙玻璃和结构框架的不同构造方式和组合方式，可分为明框式玻璃幕墙、隐框式玻璃幕墙和半隐框式玻璃幕墙。点支式玻璃幕墙是近年来国内发展较快的一种玻璃幕墙形式，被广泛应用于众多具有高大空间(如机场候机大厅、会堂、展览大厅及歌剧院等)的建筑外墙装饰工程项目。点支式玻璃幕墙由玻璃面板、支承装置及支承结构组成。常见支承结构形式有:钢构式、拉杆式、拉索式;支承装置主要是驳接爪及连接件。

金属板幕墙在现代建筑装饰中使用越来越广泛,金属板幕墙按材料可分为:单一材料板和复合材料板两种。目前使用得较多、装饰效果较好的有单层铝板、复合铝板及蜂窝铝板三种。金属板幕墙安装结构有:黏结式和钉接式安装构造两种;金属幕墙板的节点构造是设计和安装的关键环节,不仅对结构安全与使用功能有着较大的影响,而且也关系到建筑物的立面造型和装饰效果。常见的主要是:墙板节点、转角部位的处理、水平部位的压顶、端部的收口及两种不同材料交接部位的处理等。

石材幕墙主要用于当代高级建筑的墙柱饰面,石材幕墙材料主要有天然石板材、建筑装饰用微晶玻璃(也称微晶石)和建筑幕墙用瓷板,厚度为20~30mm,常用25mm。石材板幕墙饰面目前的安装工艺主要是采用干挂法。

思考与练习

一、填空题

1. 幕墙按组成材料可为_____、_____、钢板幕墙及石材幕墙等。

2. 幕墙所采用的主要材料包括_____、_____和饰面板等。

3. 幕墙的种类不同,所采用的框架型材也有所区别,常见的框架型材有_____、_____、不锈钢型材三大类。

4. 目前,用于玻璃幕墙的玻璃,主要有_____、吸热玻璃、_____、夹层玻璃、夹丝玻璃及_____等。

5. 在幕墙的饰面板中,铝板因其耐久性好,表面经涂饰处理后装饰效果好而得以迅速发展,常用的有_____、_____、蜂窝铝板三种。

6. 玻璃幕墙中连接固定是幕墙骨架之间及骨架与主体结构构件(如楼板)之间的结合件。其固定件主要有_____、_____、拉铆钉、_____等。

7. 建筑幕墙中封缝材料通常有_____、_____和防水材料等。

8. 幕墙的基本结构类型,可根据结构构造组成的不同划分为①_____;②铝合金明框结构体系;③_____;④无框架结构体系。

9. 在幕墙的构造设计中,当铝合金与钢材(角钢或夹具)通过不锈钢螺栓连接固定时,应在两种材料的接触面间_____,以避免发生_____。

10. 隐框玻璃幕墙的关键构造问题是_____连接是否可靠。

11. 框式玻璃幕墙根据幕墙玻璃和结构框架的不同构造方式和组合方式,可分为明框玻璃幕墙、_____玻璃幕墙和_____玻璃幕墙。

12. 金属板幕墙按材料可分为_____和复合材料板两种。目前使用得较多、装饰效果较好的有_____、_____及蜂窝铝板三种。

13. 石材板幕墙饰面目前的安装工艺主要是采用_____法。

二、判断题

1．幕墙是一种悬挂在建筑物结构主体外侧的轻质围护墙，幕墙除承受自重和风荷载外，一般还承受其他构件的荷载。　　　　　　　　　　　　　　　　　（　　）

2．幕墙按组成材料可分为玻璃幕墙、铝板幕墙、钢板幕墙及石材幕墙等。（　　）

3．幕墙所采用的主要材料包括框架材料、填缝密封材料和饰面板等。（　　）

4．幕墙的种类不同，所采用的框架型材也有所区别，常见的框架型材有：型钢、铝型材、不锈钢型材三大类。　　　　　　　　　　　　　　　　　　　　　（　　）

5．幕墙的饰面板材料种类较多，目前常见的有玻璃、铝板、不锈钢和石板等，还有搪瓷钢板、彩色钢板等。　　　　　　　　　　　　　　　　　　　　　　（　　）

6．在幕墙的饰面板中，铝板因其耐久性好，表面经涂饰处理后装饰效果好而得以迅速发展，常用的有单层铝板、复合铝板、蜂窝铝板三种。　　　　　　　　　　（　　）

7．封缝材料是用于幕墙面板安装及块与块之间缝隙处理的各种材料的总称。（　　）

8．幕墙的框架竖杆(竖梃)与主体结构的连接，不应采用膨胀螺栓，应采用预埋件连接。　　　　　　　　　　　　　　　　　　　　　　　　　　　　　　（　　）

9．在幕墙的构造设计中，当铝合金与钢材(角钢或夹具)通过不锈钢螺栓连接固定时，应在两种材料的接触面间加设绝缘垫片，以避免发生电化腐蚀。　　　　　　（　　）

10．节点构造是玻璃幕墙设计中的重点，也是安装的难点，只有细部处理得完善，才能保证玻璃幕墙的使用功能。　　　　　　　　　　　　　　　　　　　　（　　）

三、简答题

1．幕墙分为哪几类？玻璃幕墙有哪些优缺点？

2．在玻璃幕墙中，热反射玻璃最基本的作用有哪两大方面？

3．幕墙作为一种新型的围护或分隔结构，幕墙设计中的技术要求有哪些？

4．玻璃幕墙应如何满足防火要求？

5．幕墙的骨架对竖杆的接头有何要求？如何接长？

6．点支式玻璃幕墙的组成及结构形式有哪些？

技 能 实 训

【实训课题一】建筑幕墙装饰构造考察实训。

1．实训项目

选择当地建筑幕墙装饰施工工地或1～2个既有建筑幕墙项目，进行建筑幕墙装饰构造设计现场考察实训。

2．实训目的

通过实训，使学生把课堂上所学建筑幕墙的理论知识与工程实际紧密结合，通过实地建筑幕墙项目考察掌握建筑幕墙结构体系及连接构造。

3. 实训内容

(1) 建筑幕墙的类型、组成、材料、型号及体系。

(2) 建筑幕墙骨架的连接固定，饰面材料的连接构造。

(3) 建筑幕墙饰面、节点、收口等连接构造。

(4) 围绕考察实训内容、收获及思考的问题，结合当地经济发展情况对建筑幕墙的节能构造和在本地区的发展和应用提出建议。

4. 实训实施及要求

学生按 4~6 人组成实训小组，选择正在进行的建筑幕墙工程施工工地或者既有的建筑幕墙建筑，根据实训内容进行实地调研、分析、归纳总结，收集和绘制建筑幕墙典型节点构造图，完成约 3000 字的考察实训报告，图文并茂。

5. 实训小结

(1) 在完成实训工作以后，教师组织各小组进行相互交流，展示实训成果。

(2) 每个小组用 PPT 展示汇报实训成果。

(3) 进行自评、互评、答疑后，进行最终评定。

【实训课题二】金属及石材饰面幕墙装饰构造设计实训。

1. 实训项目

某商务中心建筑外墙采用石材和金属铝单板饰面，如图 9.73 所示。(本实训项目也可结合当地情况，选择宾馆群楼等具有建筑幕墙饰面的建筑)。

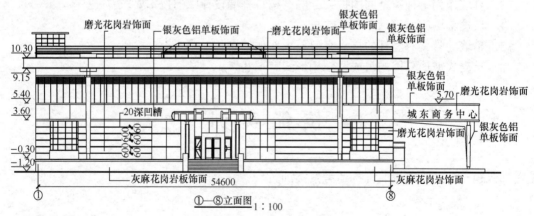

图 9.73　建筑立面图

2. 实训目的

(1) 能进行石材及金属幕墙装饰构造设计，熟悉幕墙种类、材料及规格；

(2) 能绘制石材及金属干挂构造剖面图及节点详图；

(3) 熟悉不同材料交接构造处理；

(4) 熟悉幕墙收口、收边构造处理及绘制构造图。

3. 实训内容及深度

用 A3 图纸，绘制下列图样，比例自定。要求达到施工图深度，符合现行国家制图标准。

(1) 建筑外墙立面图，要求表示出饰面材料、规格、排列、色彩及详图索引符号。

(2) 选择 2～3 个适当位置分别绘制石材及金属幕墙的剖面图，要求表示骨架、骨架与结构之间的连接构造及做法。

(3) 细部节点详图。针对剖面图中绘制各主要部位石材、金属干挂节点详图，要求详细表示饰面材料与骨架、骨架与结构之间的连接构造及做法。

(4) 绘制不同材料交接部位处理、幕墙收口、收边部位处理 3～4 个细部节点构造图。

4. 实训小结

(1) 对本实训完成内容进行总结，设计图纸规范，深度达到装饰施工图要求，同时，对不同材料交接部位的细部构造表达清楚。

(2) 展示设计成果，相互交流。

(3) 组织进行自评、互评等，对存在的问题进行归纳。

课 题 **10**

建筑装饰施工图综合实训

学习目标

通过建筑装饰施工图实例，使学生全面理解和掌握建筑装饰构造设计的整个过程，提高学生读图、绘图及审图的基本技能，以及进一步规范化绘制建筑装饰施工图的要领。

学习要求

知 识 要 点	能 力 目 标
(1) 建筑装饰施工图识读	(1) 熟悉建筑装饰施工图的内容及表达
(2) 建筑装饰施工图(地面、天花平面图、墙立面图、剖面图及大样图)的绘制和表达	(2) 能识读建筑装饰施工图
	(3) 掌握一般装饰设计施工图的绘制
	(4) 熟悉建筑装饰构造图审核

建筑装饰构造是一门实践性很强的课程，需要通过大量的实践活动来加深对装饰构造理论的理解。本案采用实例装饰施工图以帮助学生巩固和掌握已学内容，并在理解过程中培养以下三种能力：

(1) 识读装饰施工图的能力。

(2) 绘制装饰施工图的能力。包括根据已有装饰设计方案完成施工图及大样图绘制、补充完善设计、设计图变更等。

(3) 审核装饰施工图的能力。能够发现施工图中的错误、疏漏以及与实际不符之处。

阅读装饰施工图纸时，如何快速准确获取施工图纸的信息和内容。这需要采取一定的方法，根据实践经验，读图的一般方法是：先建筑后装饰、先总体后分项、先粗略后细部。即从整体到局部，再由局部到整体；互相对照，逐一核实。通常，按照以下程序进行：

① 先通过图纸目录了解整套设计图纸的基本组成内容(包括：工程项目名称，建设单位、设计单位名称及图纸类别和图纸数量等)。

② 按照图纸目录检查各类图纸是否齐全，图纸内容是否与编号图名一致，是否引用有标准图及标准图的类别等。

③ 通过设计说明，了解工程概况和工程特点，并应掌握和了解有关的技术要求。

④ 阅读建筑装饰施工图。装饰施工图分为室内装饰施工图和室外装饰施工图。建筑装饰施工图一般包括平面图(室内陈设布置图)、地面平面图、顶棚(天花)平面图(含灯具、空调、消防位置、各种监控设施位置等)、局部平面图、各装饰房间立面展开图、节点大样图(详图)及其他(说明、材料表、门窗表图等)。

⑤ 识读建筑平面图及地面装饰平面图。了解建筑平面构成情况或现场实际情况，大中型装饰工程还应对照结构施工图、设备施工图的有关内容。

⑥ 识读顶棚平面图，依据剖切位置或索引读剖面图和各节点详图。

⑦ 识读房间墙立面图，依据剖切位置或索引读剖面图和各节点详图。

装饰施工图的识读应在认真阅读的基础上，反复互相对照，以保证理解无误。

本实例结合高职高专学生的实际情况，通过一套居住建筑装饰施工图引导和帮助学生更好地掌握装饰施工图绘制的过程以及对其内容的表达，达到能独立完成一般室内装饰工程施工图设计和识读装饰构造图的能力。

复式居住建筑装饰施工图图纸目录

图纸编号	图纸内容	备注
NO:01	一层平面布置及地面图	图 10.1
NO:02	二层平面布置及地面图	图 10.2
NO:03	一层顶棚布置图	图 10.3
NO:04	二层顶棚布置图	图 10.4
NO:05	A1 立面图、1—1 剖面图	图 10.5

续表

图 纸 编 号	图 纸 内 容	备 注
NO:06	B1 立面图、E1 立面图	图 10.6
NO:07	C1 立面图	图 10.7
NO:08	D1 立面图	图 10.8
NO:09	2—2 剖面图、3—3 剖面图	图 10.9
NO:10	F1 立面图、4—4 剖面图	图 10.10
NO:11	G1 立面图、5—5 剖面图、6—6 剖面图	图 10.11
NO:12	H1 立面图、J1 立面图	图 10.12
NO:13	K1 立面图、7—7 剖面图	图 10.13
NO:14	L1 立面图、8—8 剖面图	图 10.14
NO:15	M1 立面图、9—9 剖面图	图 10.15
NO:16	N 立面图	图 10.16
NO:17	P 立面图	图 10.17
NO:18	Q 立面图	图 10.18
NO:19	R 立面图	图 10.19
NO:20	S 立面图	图 10.20
NO:21	A2 立面图	图 10.21
NO:22	B2 立面图、10—10 剖面图	图 10.22
NO:23	C2 立面图	图 10.23
NO:24	D2 立面图	图 10.24
NO:25	E2 立面图、11—11 剖面图、12—12 剖面图	图 10.25
NO:26	F2 立面图	图 10.26
NO:27	G2 立面图	图 10.27
NO:28	H2 立面图	图 10.28
NO:29	J2 立面图	图 10.29
NO:30	K2 立面图、13—13 剖面图	图 10.30
NO:31	L2 立面图	图 10.31
NO:32	M2 立面图	图 10.32

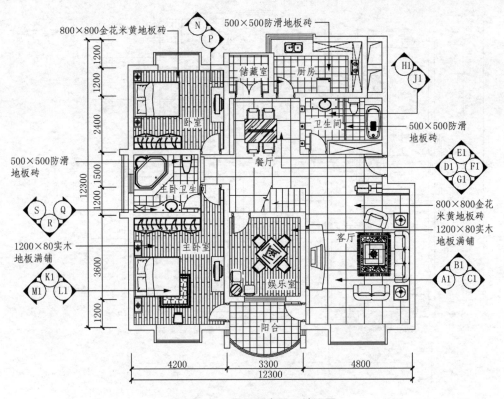

图 10.1　一层平面布置及地面图

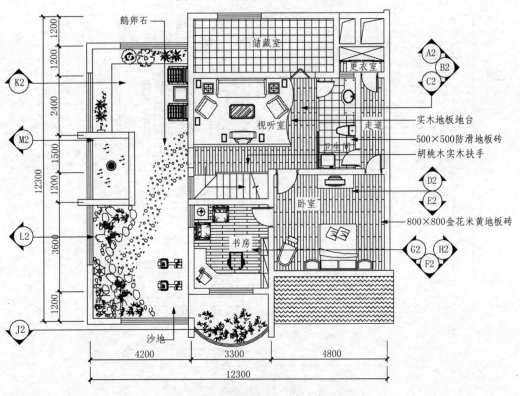

图 10.2　二层平面布置及地面图

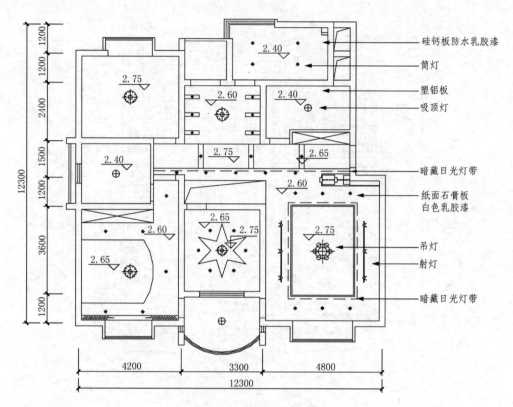

硅钙板防水乳胶漆

筒灯

塑铝板

吸顶灯

暗藏日光灯带

纸面石膏板
白色乳胶漆

吊灯

射灯

暗藏日光灯带

图 10.3　一层顶棚布置图

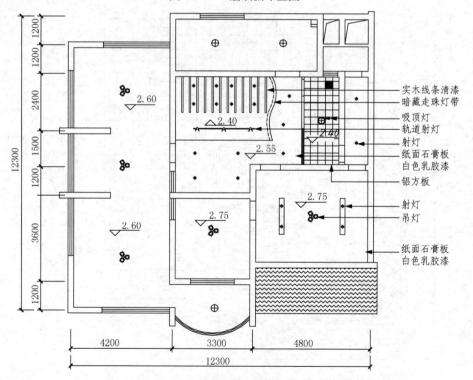

实木线条清漆
暗藏走珠灯带

吸顶灯

轨道射灯

射灯

纸面石膏板
白色乳胶漆

铝方板

射灯

吊灯

纸面石膏板
白色乳胶漆

图 10.4　二层顶棚布置图

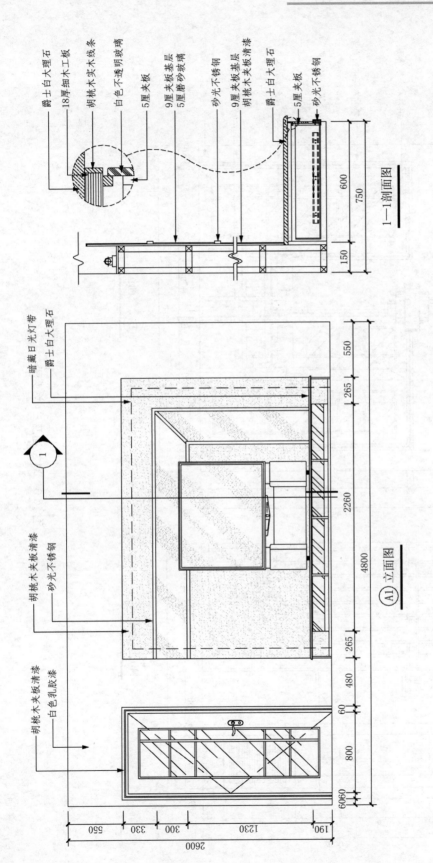

图 10.5　A1 立面图及 1—1 剖面

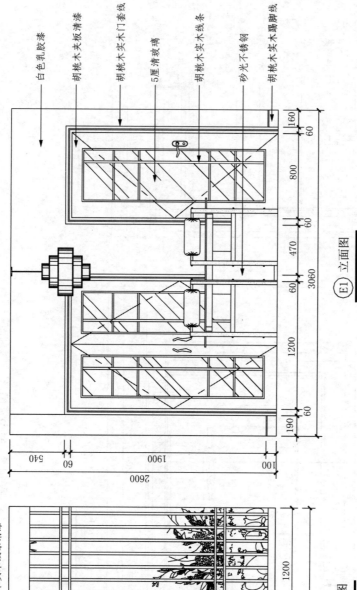

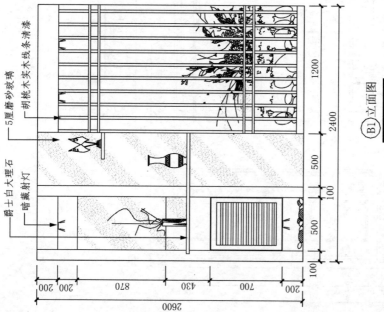

白色乳胶漆

胡桃木夹板清漆

胡桃木实木门套线

5厘清玻璃

胡桃木夹板线条

砂光不锈钢

胡桃木实木踢脚线

160
60
800
60
470
60
3060
1200
60
190

540
60
1900
100
2600

E1 立面图

5厘磨砂玻璃

胡桃木实木线条清漆

1200
2400
500
100
500
100

爵士白大理石

暗藏射灯

200
200
200
430
700
200
870
2600

B1 立面图

图 10.6 B1 立面及 E1 立面图

250

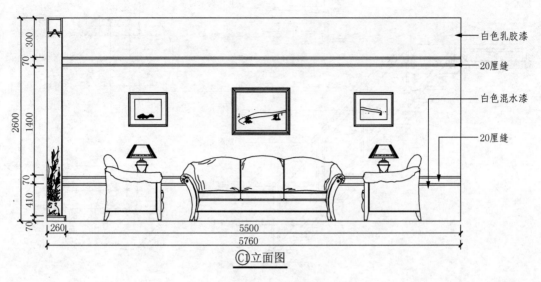

白色乳胶漆

20厘缝

白色混水漆

20厘缝

C1立面图

图 10.7　C1 立面图

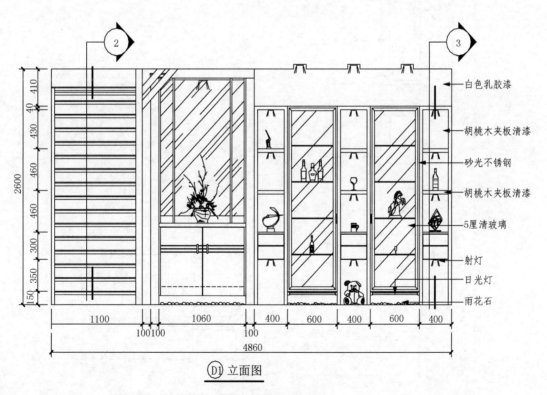

白色乳胶漆

胡桃木夹板清漆

砂光不锈钢

胡桃木夹板清漆

5厘清玻璃

射灯

日光灯

雨花石

D1 立面图

图 10.8　D1 立面图

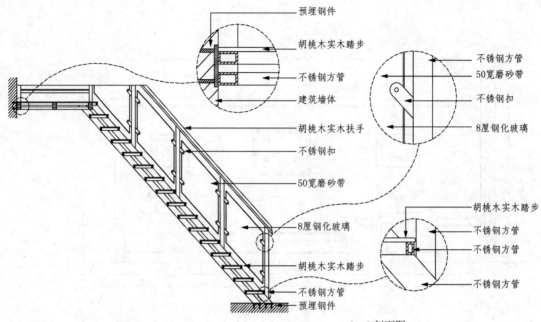

预埋钢件
胡桃木实木踏步
不锈钢方管
建筑墙体
胡桃木实木扶手
不锈钢扣
50宽磨砂带
8厘钢化玻璃
胡桃木实木踏步
不锈钢方管
预埋钢件

不锈钢方管
50宽磨砂带
不锈钢扣
8厘钢化玻璃

胡桃木实木踏步
不锈钢方管
不锈钢方管
不锈钢方管

2—2 剖面图

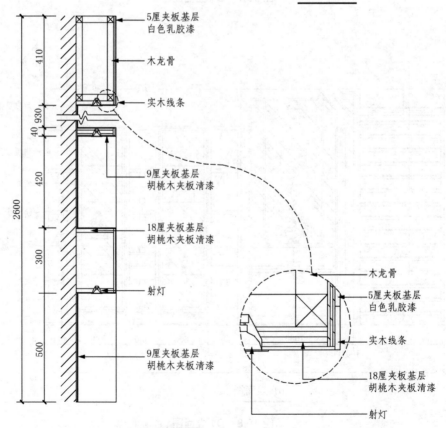

5厘夹板基层
白色乳胶漆
木龙骨
实木线条
9厘夹板基层
胡桃木夹板清漆
18厘夹板基层
胡桃木夹板清漆
射灯
9厘夹板基层
胡桃木夹板清漆

木龙骨
5厘夹板基层
白色乳胶漆
实木线条
18厘夹板基层
胡桃木夹板清漆
射灯

3—3 剖面图

图 10.9　2—2 剖面及 3—3 剖面图

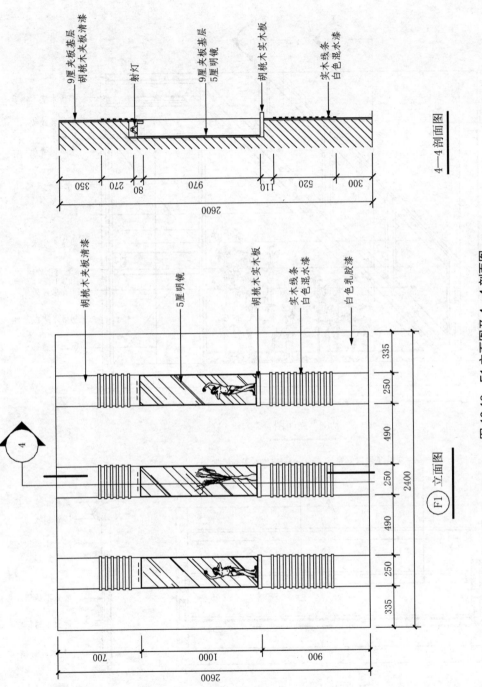

图 10.10　F1 立面图及 4—4 剖面图

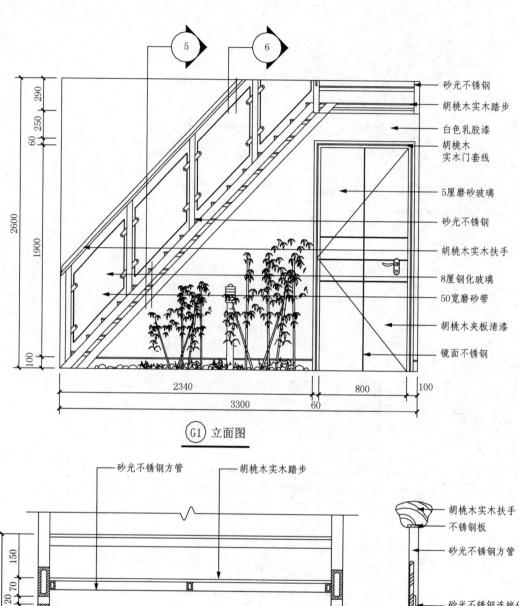

砂光不锈钢

胡桃木实木踏步

白色乳胶漆

胡桃木
实木门套线

5厘磨砂玻璃

砂光不锈钢

胡桃木实木扶手

8厘钢化玻璃

50宽磨砂带

胡桃木夹板清漆

镜面不锈钢

G1 立面图

砂光不锈钢方管

胡桃木实木踏步

胡桃木实木扶手
不锈钢板

砂光不锈钢方管

砂光不锈钢连接件

镜面不锈钢扣

8厘钢化玻璃

5—5剖面图

6—6剖面图

图 10.11　G1 立面及 5—5 剖面、6—6 剖面图

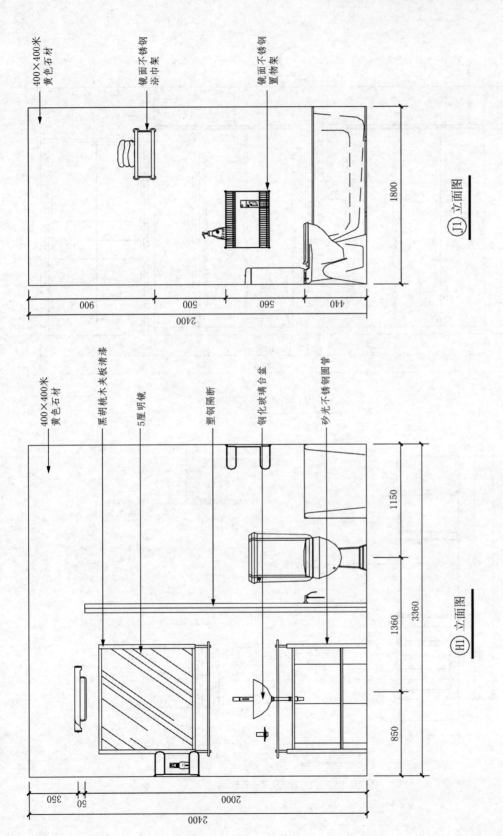

图 10.12　H1 立面及 J1 立面图

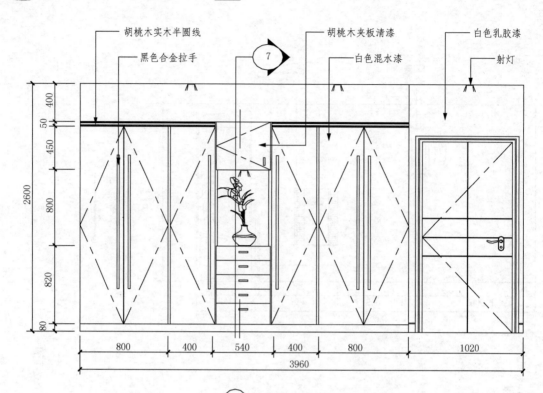

胡桃木实木半圆线
黑色合金拉手
胡桃木夹板清漆
白色混水漆
白色乳胶漆
射灯

400
50
450
800
820
80
2600

800　400　540　400　800　1020
3960

K1 立面图

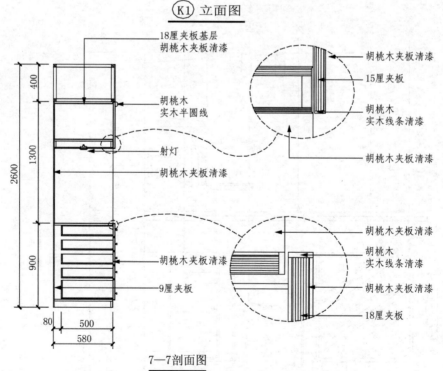

18厘夹板基层
胡桃木夹板清漆
胡桃木
实木半圆线
射灯
胡桃木夹板清漆
胡桃木夹板清漆
9厘夹板

400
1300
2600
900
80　500
580

胡桃木夹板清漆
15厘夹板
胡桃木
实木线条清漆
胡桃木夹板清漆

胡桃木夹板清漆
胡桃木
实木线条清漆
胡桃木夹板清漆
18厘夹板

7—7剖面图

图 10.13　K1 立面及 7—7 剖面图

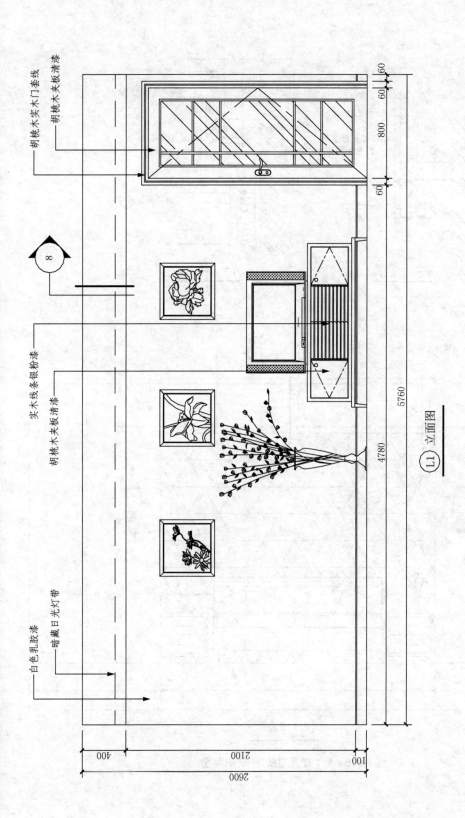

图 10.14　L1 立面图及 8—8 剖面图

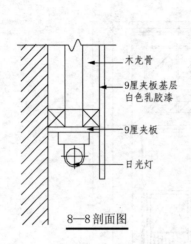

木龙骨

9厘夹板基层
白色乳胶漆

9厘夹板

日光灯

8—8 剖面图

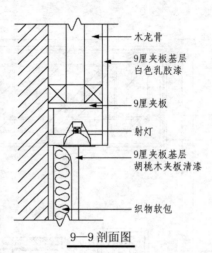

木龙骨

9厘夹板基层
白色乳胶漆

9厘夹板

射灯

9厘夹板基层
胡桃木夹板清漆

织物软包

9—9 剖面图

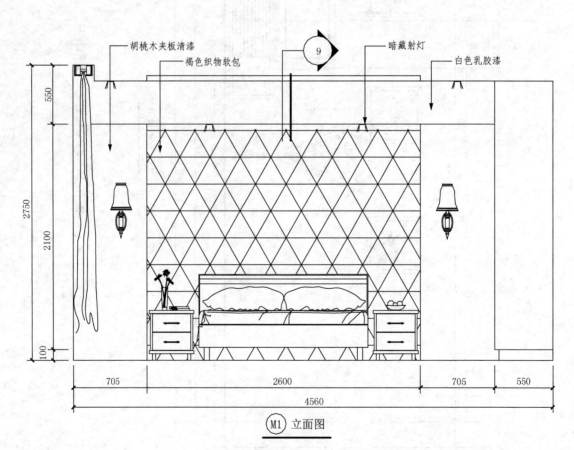

胡桃木夹板清漆

褐色织物软包

9

暗藏射灯

白色乳胶漆

550

2750

2100

100

705   2600   705   550

4560

M1 立面图

图 10.15 M1 立面图及 9—9 剖面图

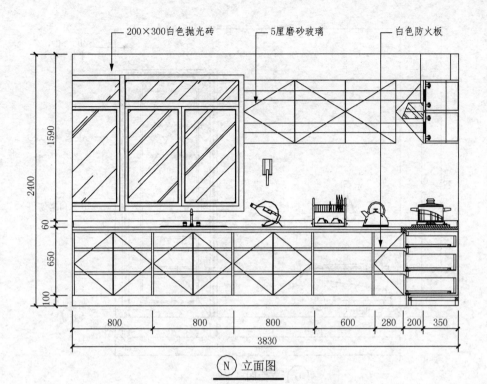

$\bigodot$ 立面图

图 10.16 N 立面图

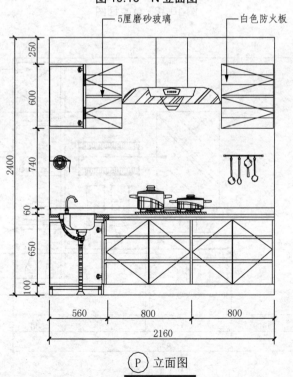

$\bigodot$ 立面图

图 10.17 P 立面图

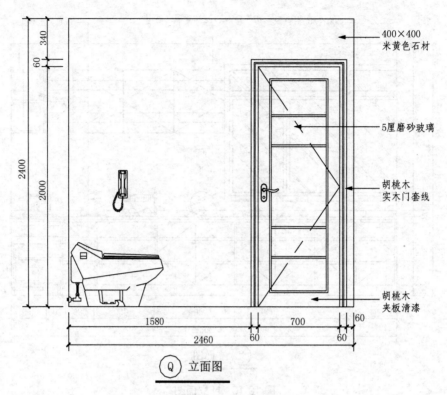

400×400
米黄色石材

5厘磨砂玻璃

胡桃木
实木门套线

胡桃木
夹板清漆

340
60
2400
2000

1580   700   60
60   60
2460

Ⓠ 立面图

图 10.18　Q 立面图

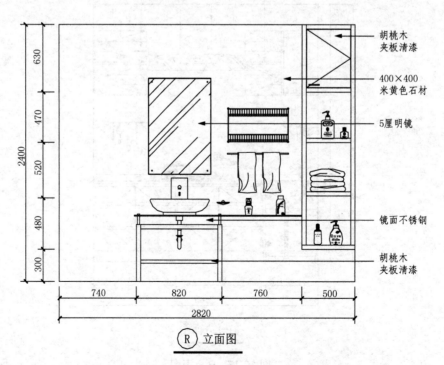

胡桃木
夹板清漆

400×400
米黄色石材

5厘明镜

镜面不锈钢

胡桃木
夹板清漆

630
470
520
480
300
2400

740   820   760   500
2820

Ⓡ 立面图

图 10.19　R 立面图

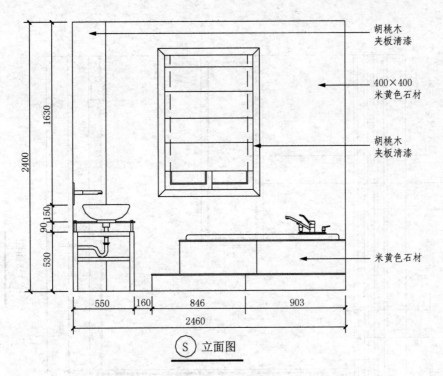

胡桃木
夹板清漆

400×400
米黄色石材

胡桃木
夹板清漆

米黄色石材

Ⓢ 立面图

图 10.20　S 立面图

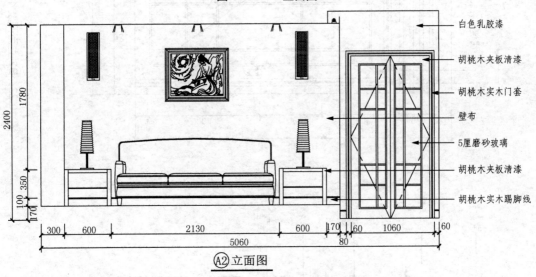

白色乳胶漆

胡桃木夹板清漆

胡桃木实木门套

壁布

5厘磨砂玻璃

胡桃木夹板清漆

胡桃木实木踢脚线

Ⓐ2 立面图

图 10.21　A2 立面图

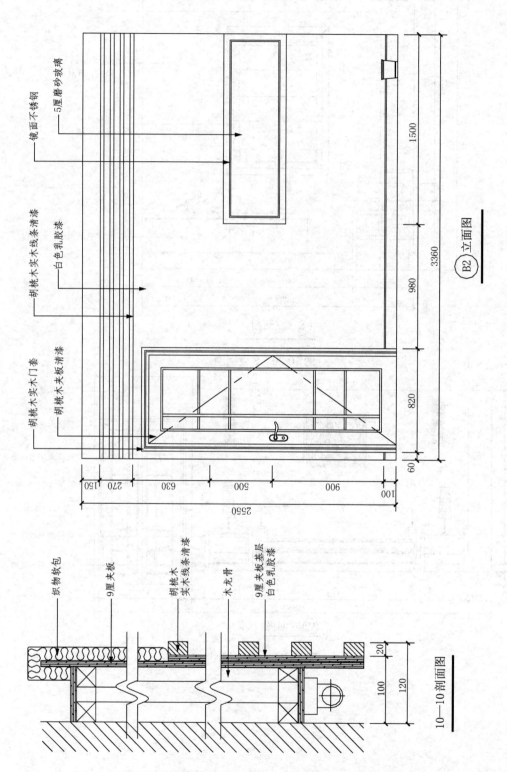

镜面不锈钢

5厘磨砂玻璃

胡桃木实木线条清漆

白色乳胶漆

胡桃木实木门套

胡桃木夹板清漆

B2 立面图

1500

3360

980

820

60

150 150

270

630

500

900

100

2550

织物软包

9厘夹板

胡桃木实木线条清漆

木龙骨

9厘夹板基层白色乳胶漆

20

100

120

10—10 剖面图

图10.22 B2 立面图及 10—10 剖面图

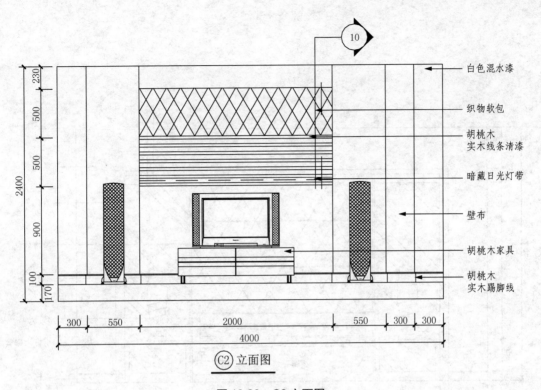

白色混水漆

织物软包

胡桃木
实木线条清漆

暗藏日光灯带

壁布

胡桃木家具

胡桃木
实木踢脚线

C2 立面图

图 10.23 C2 立面图

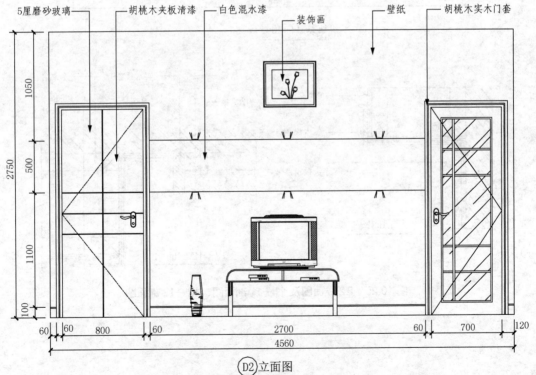

5厘磨砂玻璃   胡桃木夹板清漆   白色混水漆   装饰画   壁纸   胡桃木实木门套

D2 立面图

图 10.24 D2 立面图

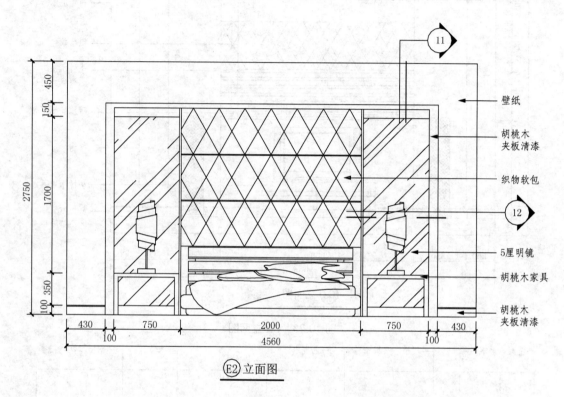

11

壁纸

胡桃木
夹板清漆

织物软包

12

5厘明镜

胡桃木家具

胡桃木
夹板清漆

450
150
2750
1700
350
100

430
100
750
2000
750
430
100
4560

E2 立面图

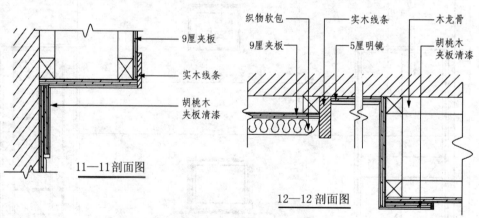

9厘夹板

实木线条

胡桃木
夹板清漆

11—11 剖面图

织物软包
实木线条
木龙骨
9厘夹板
5厘明镜
胡桃木
夹板清漆

12—12 剖面图

图 10.25 E2 立面图及 11—11 剖面图、12—12 剖面图

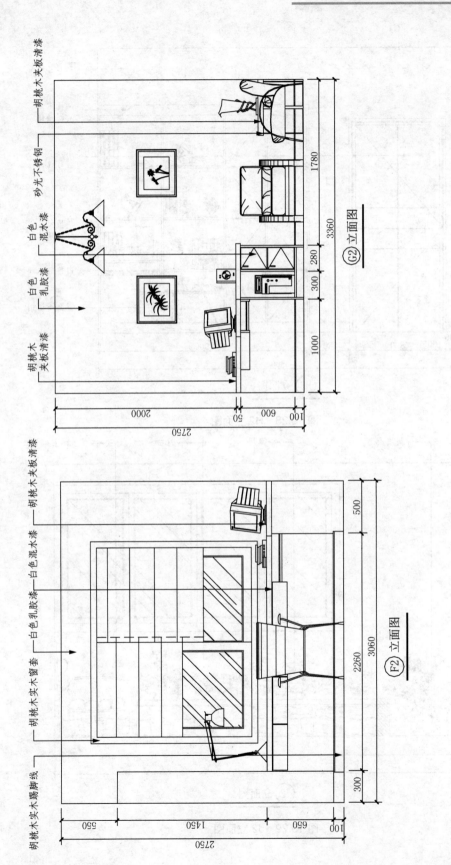

图 10.27　G2 立面图

图 10.26　F2 立面图

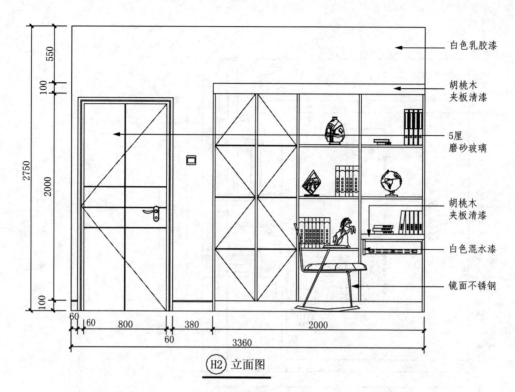

白色乳胶漆

胡桃木
夹板清漆

5厘
磨砂玻璃

胡桃木
夹板清漆

白色混水漆

镜面不锈钢

H2 立面图

图 10.28　H2 立面图

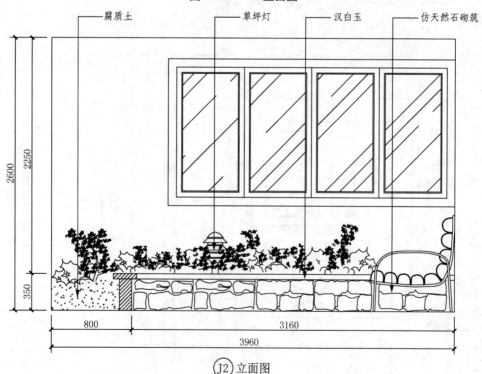

腐质土　　　草坪灯　　　汉白玉　　　仿天然石砌筑

J2 立面图

图 10.29　J2 立面图

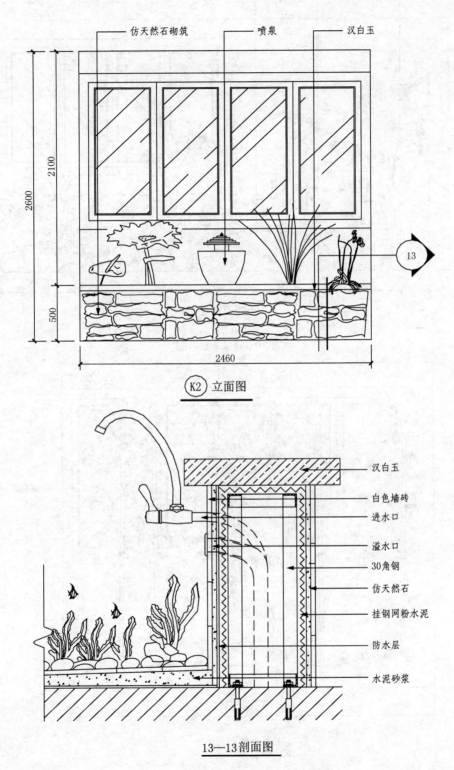

仿天然石砌筑　　喷泉　　汉白玉

2600
2100
500
2460

K2 立面图

汉白玉
白色墙砖
进水口
溢水口
30角钢
仿天然石
挂钢网粉水泥
防水层
水泥砂浆

13—13 剖面图

图 10.30　K2 立面及 13—13 剖面图

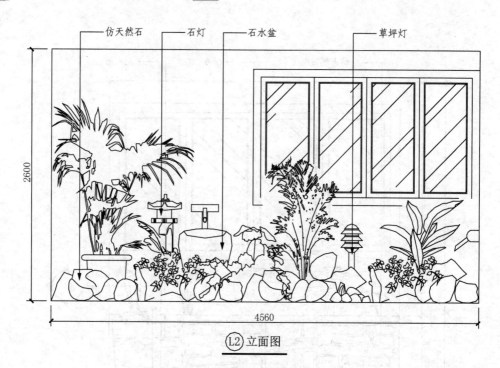

仿天然石　石灯　石水盆　草坪灯

2600

4560

L2 立面图

图 10.31　L2 立面图

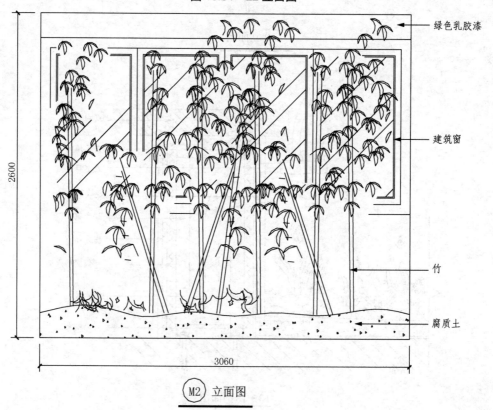

绿色乳胶漆

建筑窗

竹

腐质土

2600

3060

M2 立面图

图 10.32　M2 立面图

参 考 文 献

[1] 武峰．CAD 室内设计施工图常用图块[M]．北京：中国建筑工业出版社，2012.

[2] 高祥生．室内装饰装修构造图集[M]．北京：中国建筑工业出版社，2011.

[3] 崔丽萍．建筑装饰材料、构造与施工实训指导[M]．北京：北京理工大学出版社，2015.

[4] 赵志文．墙面装饰构造与施工工艺[M]．北京：中国建筑工业出版社，2007.

[5] 张芹．建筑幕墙与采光顶设计施工手册[M]．2 版．北京：中国建筑工业出版社，2006.

[6] 张绮曼．室内设计资料集[M]．北京：中国建筑工业出版社，2002.

[7] 王朝熙．建筑装饰装修施工工艺标准手册[M]．北京：中国建筑工业出版社，2004.

[8] 陈保胜，等．建筑装饰构造资料集[M]．北京：中国建筑工业出版社，2002.

[9] 韩建新．建筑装饰构造[M]．北京：中国建筑工业出版社，2004.

[10] 陈保胜，陈志华．建筑装饰构造资料集．上．[M]．北京：中国建筑工业出版社，2002.

[11] 陈保胜，陈志华．建筑装饰构造资料集．下．[M]．北京：中国建筑工业出版社，2002.